KUSCH Mathematik 1

Arithmetik und Algebra

Ergebnisse
Passend zur 16.

Herausgegeben von
Heinz Ziburske

Erarbeitet von
Sandra Bödeker
Theo Glocke
Hermann Gora
Gunnar Klinge
Regina Kratzer
Lothar Kusch
Heidrun Roschmann
Gesine Zare
unter Mitarbeit der Verlagsredaktion

Begründet durch
Lothar Kusch

16., völlig neu bearbeitete Auflage

Cornelsen

Vorbemerkung:

Treten beim Lösen der Aufgaben Dezimalbrüche mit mehr als 2 Stellen nach dem Komma auf, so werden diese in der Regel auf zwei Stellen gerundet.

Die Lösungen solcher Aufgaben, die das Zeichnen der Graphen von Funktionen, das graphische Lösen von Gleichungen oder Ungleichungen oder das Veranschaulichen von Zahlen- und Größenangaben in Diagrammen verlangen, werden in diesem Ergebnisheft nicht angegeben.

Diese Graphen, graphische Lösungen oder Schaubilder werden in einem gesonderten Lösungsbuch (Aufgabensammlung) enthalten sein, in welchem außerdem alle Übungsaufgaben des 1. Bandes vollständig durchgerechnet, gelöst und kommentiert werden.

www.cornelsen.de

16. Auflage, 1. Druck 2013

Alle Drucke dieser Auflage sind inhaltlich unverändert und können im Unterricht nebeneinander verwendet werden.

Druck: H. Heenemann, Berlin

ISBN 978-3-06-450164-5

Inhalt gedruckt auf säurefreiem Papier aus nachhaltiger Forstwirtschaft.

1 Rechnen

Übungen zu 1.1

Zahlen

1. Ziffern

2. 0, 1, 2, 3, 4, 5, 6, 7, 8, 9

3. natürliche

4. 121; 3; 5600

5. $-5;\ 2\frac{1}{3};\ 4{,}24;\ \frac{9}{19};\ 1{,}002$

6. $\frac{2}{3};\ \frac{1}{17};\ \frac{4}{2};\ \frac{3}{9}$ und $\frac{13}{221}$

7. a) $0{,}\overline{6}$ **b)** $0{,}2$ **c)** $0{,}1\overline{6}$ **d)** $0{,}\overline{571428}$

8. $0{,}4 = \frac{2}{5};\ 1{,}75 = \frac{7}{4};\ 2{,}5 = \frac{5}{2};\ 3{,}125 = \frac{25}{8}$

9. vier

10. $-1,\ -2,\ -19,\ -215,\ -1009$

11. $-120,\ -119,\ -118,\ -117$

12.

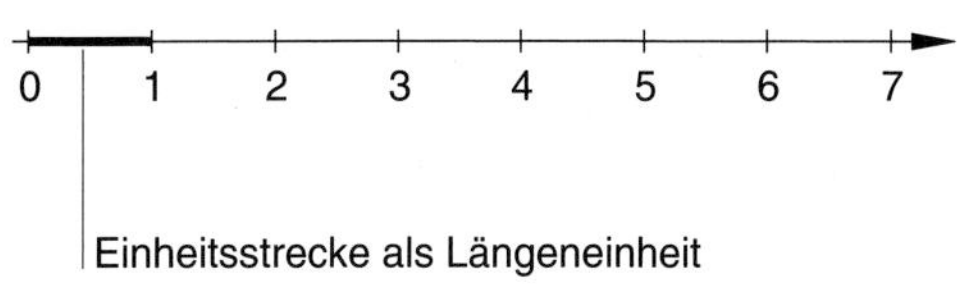

13.

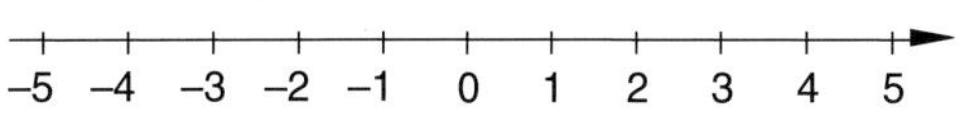

14. a) $\frac{1}{2} = \frac{2}{4};\ \frac{2}{3} = \frac{4}{6};\ \frac{5}{6} = \frac{10}{12}$ **b)** $\frac{1}{2} = \frac{15}{30};\ \frac{2}{3} = \frac{30}{45};\ \frac{5}{6} = \frac{75}{90}$ **c)** $\frac{1}{2} = \frac{22}{44};\ \frac{2}{3} = \frac{44}{66};\ \frac{5}{6} = \frac{110}{132}$

15. $\frac{4}{8} = \frac{1}{2};\ \frac{12}{9} = \frac{4}{3};\ \frac{12}{36} = \frac{1}{3};\ \frac{8}{6} = \frac{4}{3};\ \frac{45}{80} = \frac{9}{16};\ \frac{39}{65} = \frac{3}{5};\ \frac{90}{360} = \frac{1}{4};\ \frac{48}{72} = \frac{2}{3};\ \frac{63}{84} = \frac{3}{4};\ \frac{96}{144} = \frac{2}{3}$

16. a) Erweitern von $\frac{3}{7}$ mit 7 ergibt $\frac{21}{49}$.
b) Beide Brüche lassen sich nicht kürzen und gehen nicht durch Erweitern ineinander über.
c) Kürzen von $\frac{52}{8}$ mit 4 ergibt $\frac{13}{2}$.
d) Beide Brüche lassen sich nicht kürzen und gehen nicht durch Erweitern ineinander über.
e) Kürzen von $\frac{15}{33}$ mit 3 ergibt $\frac{5}{11}$ und Kürzen von $\frac{35}{77}$ mit 7 ergibt $\frac{5}{11}$.
f) Kürzen von $\frac{10}{65}$ mit 5 ergibt $\frac{2}{13}$ und Kürzen von $\frac{8}{52}$ mit 4 ergibt $\frac{2}{13}$.

17.

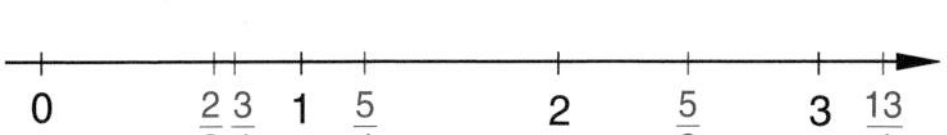

24 **18.**

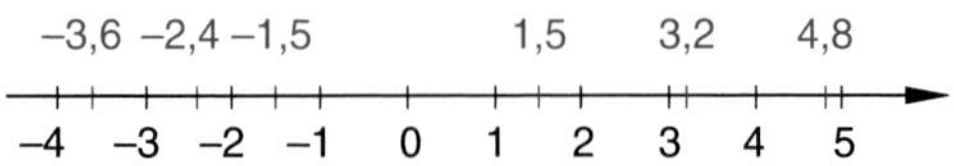

19. a) $-5 < 5$ **b)** $4{,}23 < 4{,}24$ **c)** $-6 < -5$
d) $-\frac{1}{3} < \frac{1}{3}$ **e)** $117 < 118$ **f)** $\frac{202}{199} < \frac{119}{117}$

20. 4,51; 4,53; 4,55; 4,56 und 4,59

Größen

21. Größe **22.** kg **23.** 24 **24.** 3,5 Minuten

25 **25.** 2 m Länge. 17 kg Masse. 4 m^2 Flächeninhalt. 70 s Zeit.

26. m: mm, cm, km kg: g, dt, t s: min, h, d

27. 7 € = 700 Cent 5 kg = 5000 g = 5 000 000 mg 17 cm = 170 mm = 0,17 m

28. Größen: 9 cm^2, 3 min, 41 €, 283 °C Zahlen: 0,12; $3\frac{1}{5}$; 11,2; 1200

Variable

29. 0, 1, 2, 3, 4 **30.** 1; 2,5; 10 317; 17,123 und $5\frac{1}{2}$

31. a) 8 **b)** $\frac{3}{4}$ **c)** -4

32. Für alle $a, b \in \mathbb{Q}$ gilt: $a \cdot b = b \cdot a$. **33.** $a^2 + ab$ und $a(a+b)$

Übungen zu 1.3

Addition mit Zahlen

36 **1. a)** 5 **b)** 203 **c)** 11 **d)** 10

2. a) -15 **b)** -25 **c)** -9 **d)** -16

3. a) $|-9| > |4|$ **b)** $|3| < |-5|$ **c)** $|6| > |2|$ **d)** $|-8| < |-10|$ **e)** $|-10| > |2|$
f) $|-2| < |-7|$ **g)** $|-2| > |0|$ **h)** $|0| < |1|$ **i)** $|-5| > |3|$

4. a) 7 **b)** 15 **c)** 2 **d)** 7 **e)** 15 **f)** 13

5. a) -12 **b)** -114 **c)** -316 **d)** -105

6. a) 5 **b)** 50 **c)** 5 **d)** -44

7. a) -2 **b)** -486 **c)** -73 **d)** -33

Addition von Varibalen

8. a) $6c$ **b)** $3bu$ **c)** $4xyz$ **d)** $31a$ **e)** $21x$ **f)** $20y$ 36

9. a) $43nx$ **b)** $55ab$ **c)** $292cy$ **d)** $38a_3$ **e)** $12{,}2a$ 37

10. a) $29{,}6r$ **b)** $18{,}5ax$ **c)** $20{,}53abc$ **d)** $\frac{10a}{5} = 2a$ **e)** $7\frac{4}{5}n$

11. a) $24{,}7ax$ **b)** $41{,}35\alpha$ **c)** $42{,}8AB$ **d)** $55a_1b_2$

12. a) $5a$ **b)** $-11a$ **c)** $-15x$ **d)** $10y$

13. a) $36a + 13x$ **b)** $11ab + 19c + 13$ **c)** $19N + 38R + 60$ **d)** 53 **e)** $39AC + 12BC$

14. a) $106n + 358x$ **b)** $11a + 6x + 16y$ **c)** $14a + 32{,}8n$
d) $15{,}4ab + 3{,}1ac + 23{,}8ad$ **e)** $4x + 0{,}7y + 10$

15. a) $a + 6b$ **b)** $9{,}7ax + 11bx$ **c)** $56{,}95b + 114{,}2c$
d) $7a + 9b + 11{,}2c$ **e)** $4{,}3x + 2{,}7xy + 4{,}7xz + 10{,}3z$

16. a) $2b + 21$ **b)** $\frac{19}{20}x + \frac{19}{20}y$ **c)** $12\frac{1}{6}ab + 4\frac{2}{3}ax$

Übungen zu 1.4

Subtrahieren von ganzen Zahlen

1. a) 35 **b)** 180 **c)** 385 **d)** 135 41

2. a) -12 **b)** -16 **c)** -39 **d)** -100

3. a) 20 **b)** 14 **c)** 56 **d)** 89

Subtrahieren mit Variablen

4. a) $7x$ **b)** $35ax$ **c)** $2a$ **d)** $4ab$ **e)** $9{,}9x$

5. a) $9{,}5x$ **b)** $0{,}1a$ **c)** $29{,}4ab$ **d)** $48c$ **e)** $\frac{2}{9}ab$

6. a) $1\frac{11}{12}xy$ **b)** $3\frac{2}{5}n$ **c)** $3\frac{1}{4}d$ **d)** $7{,}15ax$

7. a) $-19x$ **b)** $-13ab$ **c)** $-2d$ **d)** $-32x$ **e)** $-0{,}1ax$

8. a) $-8{,}3b$ **b)** $-10\frac{7}{9}n$ **c)** $-11\frac{13}{24}ac$ **d)** $-1{,}55$ cm **e)** $-2{,}4ab$

9. a) $-7{,}2xy$ **b)** $-4\frac{1}{3}cx$ **c)** $-\frac{1}{3}ad$ **d)** $-22{,}15x$

41 **10. a)** $-3{,}6b+7{,}8x$ **b)** $6{,}6ab-3{,}5x$ **c)** $5\frac{1}{2}y-5\frac{1}{3}ay$

d) $1{,}69adx-2{,}7ad$ **e)** $1\frac{11}{30}x-4{,}6a$

11. a) $-91ax-3{,}1a$ **b)** $-0{,}7ab-10{,}2ac$ **c)** $-1\frac{8}{15}a-8\frac{1}{4}b$ **d)** $-\frac{5}{9}bx-3{,}4c$

12. a) $-1{,}2a-\frac{38}{45}b$ **b)** $4\frac{1}{5}cx-3{,}01c$ **c)** 2,5 kg **d)** 187,2 cm

Rechnen mit Größen

42 **13. a)**	3,55 kg = 3550 g	2,3 kg = 2300 g	8,25 t = 8250 kg
b)	12,345 km = 12 345 m	7,45 m = 745 cm	15,20 cm = 152 mm
c)	24,50 € = 2450 Cent	5,23 € = 523 Cent	64,75 € = 6475 Cent
d)	5,5 h = 330 min	3,6 h = 216 min	7,25 min = 435 s
14. a)	32 t 7 dt = 32,7 t	5 t 70 kg = 5,07 t	7 t 25 kg = 7,025 t
b)	25 km 250 m = 25,250 km	25 km 25 m = 25,025 km	9 m 17 cm = 9,17 m
c)	12 € 30 Cent = 12,30 €	12 € 3 Cent = 12,03 €	3 € 25 Cent = 3,25 €
d)	4 h 30 min = 4,5 h	4 h 3 min = 4,05 h	5 min 30 s = 5,5 min
15. a)	45 t = 450 dt	2 dt = 200 kg	12 kg = 12 000 g
b)	15 € = 1500 Cent	7 € = 700 Cent	20 € = 2000 Cent
16. a)	24 km = 24 000 m	56 m = 5600 cm	8 cm = 80 mm
b)	12 h = 720 min	12 min = 720 s	5 h = 300 min
17. a)	250 g = 0,250 kg	22 kg = 0,22 dt	16 dt = 1,6 t
b)	25 mm = 2,5 cm	250 mm = 25 cm	2500 m = 2,5 km
c)	154 Cent = 1,54 €	10 Cent = 0,1 €	5 Cent = 0,05 €
d)	90 s = 1,5 min	90 min = 1,5 h	30 min = 0,5 h

18. a) 6,382 kg **b)** 4,200 kg **c)** 19,38 m **d)** 15,02001 m^3 **e)** 3,667141 m^2

19. a) 3 h 48 min 20 s **b)** 5135 g **c)** 9,76 m **d)** 9,40 € **e)** 308 min

20. a) 3,4 m **b)** 532 cm **c)** 3150 g

d) 1,45 t **e)** 90 min **f)** 8,485 m^2

Übungen zu 1.5

Weitere Übungen zum Rechnen mit Variablen

44 **1. a)** $36\frac{1}{2}$ **b)** $71\frac{1}{2}$ **c)** 11,25 **d)** $9\frac{23}{24}$ **e)** 25,15

2. a) $30a$ **b)** $9{,}3b$ **c)** $29{,}8r$ **d)** $12{,}2x$ **e)** $15\frac{13}{24}c$

44

3. a) $2\frac{33}{40}dx$ **b)** $17\frac{5}{6}t_1$ **c)** $43{,}35P$

4. a) $l = 16a$ **b)** $l = 480\,\text{mm}$ **5. a)** $u = 34a$ **b)** $u = 1700\,\text{mm}$

6. a) $20a + 11b + 15c$ **b)** $2{,}1ab + 1{,}5bc + 4{,}9c$ **c)** $69{,}3n + 44{,}3xy$ **d)** $25x + 46y$
e) $15\frac{3}{5}xy + 19\frac{2}{5}xz$ **f)** $4\frac{1}{2}c + 7\frac{2}{3}dx + 7\frac{1}{4}n$ **g)** $4\frac{3}{4}x + 2{,}5xz + 2\frac{3}{5}z$

45

7. a) $l = 7\frac{5}{6}a + 7b$ **b)** $l = 440\frac{5}{6}\,\text{mm}$

8. a) $u = 4a + 10b + 4c$ **b)** $u = 1142\,\text{mm}$

Addieren und Subtrahieren von Termen mit unterschiedlichen Vorzeichen

9. a) $3a$ **b)** $11a$ **c)** $5b$ **d)** $-10b$ **e)** $2x$

10. a) $3n$ **b)** $-18a$ **c)** $15xy$ **d)** $x - y$ **e)** $9a$

11. a) $-11x$ **b)** z **c)** $-3{,}4b$ **d)** $-2{,}3a$ **e)** $-5{,}5c$

12. a) $-2{,}7x$ **b)** $-3{,}6a$ **c)** $-a$ **d)** $-a + 2y$ **e)** $-9x + 4y$

13. a) $11{,}1n + 5{,}2a$ **b)** $0{,}5b - 1{,}3x$ **c)** $2{,}6a$ **d)** $4\frac{1}{3}d$ **e)** $-5\frac{1}{2}a - \frac{11}{24}b$

14. a) $1\frac{29}{30}h$ **b)** $-\frac{4}{9}ax - \frac{1}{30}x$ **c)** $2\frac{1}{5}a - 5\frac{1}{4}b + 6\frac{1}{6}c$ **d)** $15\frac{1}{2}a + 1\frac{117}{200}b$

Addieren und Subtrahieren von Termen

15. a) $80x$ **b)** $-3b$ **c)** $13x$ **d)** $4a + 4ax$ **e)** 0

16. a) $5n + 6x + 15$ **b)** $7a - 4b + 3c + 5d$ **c)** $9a - 4b$ **d)** $26b + 2c$ **e)** $7a + b$

17. a) $10a + 6b$ **b)** $10x + 10y$ **c)** $14{,}9x + 0{,}7y - 1{,}7z$
d) $10{,}2a - 2{,}7b - 0{,}8c - d$ **e)** $-1{,}5a + 1{,}9b$

18. a) $3{,}5x - 0{,}7y$ **b)** $2{,}7c - 1{,}6d$ **c)** $2{,}1x + 2{,}2y + z$
d) $-5a - b + 13{,}1c$ **e)** $6\frac{5}{6}a + 20\frac{1}{5}b$

46

19. a) $\frac{9}{10}a - \frac{1}{2}b$ **b)** $\frac{1}{10}x + \frac{5}{6}y$ **c)** $x_1 - 1\frac{3}{8}x_2$

20. a) $4696\frac{11}{21}\,\text{g}$ **b)** $2\frac{5}{6}ab$ **c)** $\frac{2}{3}a + b$ **d)** $3b - 8c$ **e)** $6\frac{1}{4}a + 2\frac{19}{20}b + \frac{5}{6}c$

21. a) $-29\frac{2}{3}x + 57\frac{5}{12}y + 5\frac{19}{24}$ **b)** $4562\frac{1}{6}\,\text{cm}$ **c)** $9\frac{1}{8}ab - 3\frac{151}{300}ac + 2\frac{45}{100}ad$
d) $11\,728{,}5\,\text{s} = 195\,\text{min}\;28{,}5\,\text{s} = 3\,\text{h}\;15\,\text{min}\;28{,}5\,\text{s}$ **e)** $-28a + 6b + 7x - 9$

46 **22. a)** $-11m-15n+2p+15x$ **b)** $-7{,}7a-5{,}7y-1{,}3$ **c)** $-1{,}8a-6{,}8b+17{,}7c-2{,}4d$
d) $-0{,}3a-9{,}7b+13{,}2c+5{,}94d-3{,}3x$ **e)** $-1{,}9a+12{,}9b+4{,}7c+3{,}3d$

Vermischte Aufgaben zur Addition und Subtraktion mit Variablen

1. a) $-12x+y-7z$ **b)** $a-\frac{11}{30}b+\frac{1}{12}c$ **c)** $7{,}24a+17{,}13b+2{,}09c$
d) $2{,}8uv+xy-0{,}5$ **e)** $457{,}44a+308{,}09b+310{,}76c-94{,}07d$

2. a) $105\frac{5}{6}b+376\frac{13}{40}x+45\frac{11}{18}y+316\frac{2}{3}z$ **b)** $53\frac{13}{18}a+97\frac{7}{30}b-14\frac{1}{28}c-7\frac{5}{24}n-114\frac{13}{24}$
c) $20x+115y+205z$ **d)** $-a+3b+6\frac{1}{2}x$ **e)** $-20\frac{13}{24}P-4\frac{1}{3}Q+\frac{3}{8}R$

3. a) $8\frac{4}{5}a+90\frac{1}{8}b+110\frac{9}{10}c$ **b)** $-157{,}04g-77{,}14m+44{,}95t$ **c)** $-546{,}501$
d) $-\frac{1}{4}a_1-4\frac{1}{12}a_2+1\frac{1}{2}a_3$ **e)** $-124{,}62x+17{,}775y$

47 **4. a)** $\frac{D}{2}-\frac{d}{2}+b$ **b)** 56 mm **5. a)** $\frac{D+d}{2}-a$ **b)** 37,5 mm

6. a) $\frac{d-D}{2}+a$ **b)** 73,5 mm **7. a)** $l=a+b+c+r\pi-\frac{d}{2}\pi$ **b)** 826,14 mm

8. a) $l=(D-d)\cdot\pi+a+2b$ **b)** 132,54 mm

Übungen zu 1.6

Ein Pluszeichen steht vor einer Klammer

52 **1. a)** $5c+6$ **b)** $3x+12$ **c)** $35x-2y$ **d)** $0{,}7a+b$

2. a) $-\frac{1}{20}x+1\frac{3}{10}y$ **b)** $10a-4b$ **c)** $12x-2y+6z$ **d)** $3b+16$ **e)** $6{,}2b-4{,}2x$

Ein Minuszeichen steht vor einer Klammer

3. a) $-2a+9b$ **b)** $6a+5b+c$ **c)** $4ax$ **d)** $9a+9c$ **e)** $a-23b-6x$

4. a) $-15a-2b$ **b)** $21a-4b-5c$ **c)** $-a-21b$ **d)** $-2a+11ab+33$ **e)** $11r-9s$

5. a) $25x+75y+13z$ **b)** $14{,}7a+1{,}6b+35{,}5c$ **c)** $1{,}1a+9{,}6x$
d) $-10\frac{2}{3}a-9\frac{1}{3}b$ **e)** $-12\frac{5}{7}x+25\frac{2}{9}y+31\frac{1}{8}z$

Setzen von Klammern 52

6. a) $6{,}7x+8{,}7b$ **b)** $4\frac{5}{6}ab-4\frac{7}{12}ax$ **c)** $6\frac{1}{2}a+6\frac{1}{2}b-\frac{1}{3}c-6$
d) $4{,}4d+6\frac{13}{15}dx+6\frac{79}{100}x$

Klammern in Klammern

7. a) $-6a+47b$ **b)** $24a-20b+5c$ **c)** $-a+2b+2c$
d) $m+8n-15p-10q$ **e)** $18x-10y+2z$ **f)** $20a+20b-5c$

8. a) $30a+17b+5c$ **b)** $5\frac{5}{6}x-13\frac{1}{6}y$ **c)** $3\frac{5}{12}x-14\frac{13}{24}y$
d) $28{,}2ab+6c+17x$ **e)** $10a+7b$

9. a) $-8\frac{1}{6}a+7\frac{2}{3}x$ **b)** $\frac{5a}{4}+\frac{x}{12}-\frac{2y}{3}$ **c)** $8\frac{1}{12}a-2\frac{1}{6}b-10\frac{7}{20}$
d) $0{,}1x-0{,}3y+1{,}1z$ **e)** $8a-2{,}75b-6{,}8c$

Vermischte Aufgaben zur Wiederholung von 1.6

10. a) $-10a+5b$ **b)** $28a+2x-2$ **c)** $11{,}42a-4{,}45b+2{,}88c$
d) $2\frac{9}{10}x-2\frac{5}{12}y$ **e)** $2\frac{11}{12}a-3\frac{1}{12}b$

11. a) $-\frac{3}{5}d-\frac{1}{8}e+21\frac{13}{20}$ **b)** $-4\frac{7}{10}x+\frac{9}{10}y+5\frac{1}{24}z$ **c)** $p-5y+3z$
d) $7r-10s+2t$ **e)** $-16a-18x-56y+16z+1$

12. a) $-ay-16$ **b)** $-25a+17x$ **c)** $x+4y$ **d)** $9xy-13xz-yz$ **e)** $8a+6ab-4b$

13. a) $4c-7cd-9d$ **b)** $-0{,}75y+\frac{3}{4}z$ **c)** $-a-10\frac{1}{71}b+10\frac{1}{71}$
d) $-1\frac{1}{24}r+1\frac{3}{4}s-3\frac{11}{12}t$ **e)** $-5\frac{7}{8}ab-11\frac{7}{8}rs+3\frac{3}{4}xy$

14. a) $x=l-(2a+2b+2c)$ **b)** $x=64$ mm

Übungen zu 1.7

Einführung

1. a) $5\cdot 4$ **b)** $6\cdot c$ **c)** $4\cdot 19$ **d)** $5\cdot ab_1$ **e)** $5\cdot 12$ 71
f) $5\cdot n$ **g)** $n\cdot 8$ **h)** $n\cdot c$ **i)** $n\cdot P$

2. a) $3+3+3+3+3+3+3$ **b)** $6+6+6+6+6+6+6+6+6+6+6$
c) $ac+ac+ac+ac$ **d)** $\underbrace{5+5+5+\ldots+5}_{x\text{-mal}}$ **e)** $x+x+x+x+x+x+x+x+x$
f) $\underbrace{R+R+R+\ldots+R}_{n\text{-mal}}$ **g)** $a_1+a_1+a_1+a_1+a_1$ **h)** $\underbrace{7+7+7+\ldots+7}_{a_1\text{-mal}}$

Das Vorzeichen beim Multiplizieren

71 **3. a)** 24 **b)** −24 **c)** −24 **d)** 24 **e)** $-xy$ **f)** pq **g)** $-1{,}5h$ **h)** 20

Rechengesetze für das Multiplizieren

4. a) $3a$ **b)** 51 **c)** $21ab$ **d)** $30ab$ **e)** $7cd$
f) $-5xyz$ **g)** 0 **h)** $-270axy$ **i)** $238R$

5. a) $35abcx$ **b)** 0 **c)** 0 **d)** arx **e)** ab
f) Aef **g)** x^3 **h)** a^2b^2c **i)** $18ab^2$

6. a) $1{,}4z^3$ **b)** $12r$ **c)** $-72rs$ **d)** 0 **e)** $432drs$
f) abc **g)** $-48stu$

Multiplizieren von Produkten

72 **7. a)** 8600 **b)** 1700 **c)** 37000 **d)** 480
e) 12000 **f)** $24x$ **g)** $12b$ **h)** $27a$

8. a) 0 **b)** $18bx$ **c)** $15ac$ **d)** $21abc$
e) abx **f)** $18acxy$ **g)** $19800abcd$ **h)** $180abcy$

9. a) $660abcdy$ **b)** $810abnxy$ **c)** $1170abxyz$ **d)** $-90abc$
e) $360xyz$ **f)** $32{,}5abc$ **g)** $700abc$

Das Vorzeichen beim Multiplizieren

10. a) $-45x$ **b)** $-42ac$ **c)** $-4bd$ **d)** $-14ax$
e) $110ax$ **f)** $-40mn$ **g)** $15xy$

11. a) abc **b)** $120acn$ **c)** $-20abc$ **d)** $-18xyz$
e) $18y^2z$ **f)** $-12xyz$ **g)** $-16abc$

12. a) $-0{,}75xy$ **b)** $33{,}6x$ **c)** $-3xy^2$
d) $57{,}6q^2r^2s$ **e)** $81c^2m^2$ **f)** $10{,}8uv^2w^4$

13. a) $24kux = 24kux$ **b)** $8uk \cdot 2t \neq 16k \cdot 1t$ **c)** $-32ku \cdot (-0{,}5k) = 8uk^2 \cdot 2$
d) $3{,}5lux \cdot 2k = klux \cdot 7$ **e)** $-6ku \cdot k \neq -12u \cdot (-0{,}5k^2)$ **f)** $A \cdot 3U \cdot 2{,}5 = 7{,}5U \cdot 1A$

14. a) $5T \cdot \frac{1}{5}T \cdot 8V = V \cdot 8T^2$ **b)** $3a \cdot 2b \cdot 0c \neq 6abc$ **c)** $4xz \cdot \frac{1}{4}z \neq z \cdot x^2$
d) $3x^2 \neq 9 \cdot x \cdot x$ **e)** $(-a)^2 \cdot 2a = 2 \cdot a^3$

15. a) 6 cm^3 **b)** 49 m^3 **c)** 96 mm^2 **d)** nicht sinnvoll
e) Als geometrische Größe ist die Einheit m^4 in einer dreidimensionalen Welt nicht sinnvoll. 17 m^4
f) Als Rechnung mit geometrischen Größen nicht sinnvoll, da es weder negative Streckenlängen noch negative Volumina gibt. −60 m^3

Addieren, Subtrahieren und Multiplizieren

73 **16. a)** $18{,}5x$ **b)** $0{,}8txy$ **c)** $52AB + 10{,}5xy$
d) $4rs$ **e)** $4{,}4vw$ **f)** $46{,}6abc + 8ad$

17. a) $-11ab$ **b)** $14ef-e^2f$ **c)** $-1{,}5x^2-1$ **d)** $47x^2y+xy^2$ **e)** $10xyz^2$ 73

18. a) $7a+21$ **b)** $4a-20$ **c)** $8a-8b$ **d)** $10x+30y$ **e)** $11xy+30y$
f) $12c-28$ **g)** $45a-15b$ **h)** $ac+c$ **i)** $12ax+24bx$ **j)** $16a+48b+56$

19. a) $6x+6y-24$ **b)** $96a+96b-12c$ **c)** $25ax+5bx-20cx$
d) $3abn+bn-cn$ **e)** $-3\frac{1}{2}a-10\frac{1}{2}b$ **f)** $5x-8y$
g) $7{,}5xy+9xz$ **h)** $8axy-14bxy$ **i)** $-36-16x+4a$

20. a) $-9x+xy-4y+36$ **b)** $-3a+an+5n-15$
c) $-33a+3ab+4b-44$ **d)** $54a-6ax+18b-2bx$
e) $30ax-35ay+24bx-28by$ **f)** $4{,}32ax+2{,}76ay-11{,}52bx-7{,}36by$
g) $0{,}6ac-1{,}44ad+0{,}25bc-0{,}6bd$ **h)** $8mx+4my-4nx-2ny$
i) $4mx-2my-8nx+4ny$ **j)** $37am+56an-6bm+5cm-4cn$

21. a) $-2ax+11ay-5az-5bx-5by-5bz$ **b)** $14ax+24ay-36bx-2by$
c) $13ax+33bx-53cx$ **d)** $64abn+80acn-80bnx-100cnx$
e) $30abx-90aby-45acx+135acy$ **f)** $12axy-15acxy-12bxy+15bcxy$
g) $432abdnx+432adnxy-72abcnx-72acnxy$
h) $24a+44ab-112ad-20b+15bc-36c+6cd-8d+48$
i) $30acx-12acy-60adx+24ady-20bcx+8bcy+40bdx-16bdy$

22. a) $-6r+12r^2$ **b)** $-24e^2f-3ef^2$ **c)** $-24a^2b+12a^2b^2$ **d)** $11x^2+x$

23. a) $2x^2-x-18$ **b)** $4s^2+rs-3r^2$ **c)** $3{,}2z^2-9{,}6z-0{,}8$
d) $3x^2-3x^3$ **e)** $2x^3-19x^2+42x$

24. a) $2\cdot(1{,}5x+1)=3x+2$ **b)** $2\cdot(1{,}5x+5)=10+3x$ **c)** $6bc+8ab=(3c+4a)\cdot 2b$
d) $2\cdot(1+x)\cdot 3\neq 2+6x$ **e)** $3(8w-vw)=w\cdot(8-v)\cdot 3$ **f)** $2\cdot(H+5)+1=2H+11$ 74
g) $3x+3y-2z=(x+y)\cdot 3-2z$

25. a) $3\cdot(2+s)+3\cdot(2+s)=6\cdot(2+s)$ **b)** $-v(w+x)+vx=-vw$
c) $2x(3+x)=2x^2+6x$ **d)** $ax+(a-x)a=a^2$
e) $yx(x+z)\neq y(x^2+z)$ **f)** $ab^2-ba^2\neq(a-b)ab$
g) $(a+b)^2\neq a^2+b^2$

Distributivgesetz II: Ausklammern

26. a) 600 **b)** 720 **c)** $7(8a+6b+1)$
d) $3(21x-5y+3xy)$ **e)** $3(40R^2+11R+17)$ **f)** $a(x-4z+5y)$

27. a) $12b\cdot(2a-c+4a)$ **b)** $-11bx$ **c)** $25a\cdot(b+5c+3x)$
d) $m(a+b-c+x)$ **e)** $(a+b)\cdot(n+m)$

28. a) $(a-b)\cdot(x+y)$ **b)** $(b-c)\cdot(z+1)$ **c)** $x(2-3x)$
d) $ab(a+2)$ **e)** $a(4a^2-2a+1)$

29. a) $-x(1-5y+2t)$ **b)** $-2(-4d+3a+2c)$ **c)** $-(-x+y-z)$

75 **30. a)** $2419{,}2abuv$ **b)** ABC **c)** $283{,}5uvxyz$ **d)** $534abc$

31. a) $1{,}62xyz$ **b)** $6xy+98{,}4xyz$ **c)** $229{,}64xy+119z$ **d)** $86abc$ **e)** $-18stx$

32. a) $-3{,}2st$ **b)** $91x$ **c)** $-50ab$ **d)** $-28nu$ **e)** $-6\frac{1}{2}abc$

33. a) $xy-xz+3ux$ **b)** $3AD-66BD+7{,}2CD$ **c)** $12ab+21ac-9ax$
d) $-32{,}2m-16{,}8n-8{,}2r+15$ **e)** $-27sz-54rs+18{,}9st$

76 **34. a)** $-0{,}2\alpha r+0{,}4\alpha s$ **b)** $-6{,}5xy+3y$ **c)** $26{,}8\,iw+6ir-36i$
d) $6RT+12ST-48T$ **e)** $73a+50b$ **f)** $3xy+51x-30y$

35. a) $6x+8ax-18z-24az$ **b)** $-6ax+18bx+8ay-24by$
c) $aby-2ay+4{,}5acy$ **d)** $-3ax+22ay+34bx-51by$
e) $7a+ax-15x+6$ **f)** $3ab+3ay+86bx+26xy$
g) $32acy+16ady+16cxy+8dxy$

36. a) $y^2-2y-15$ **b)** $2y^2+15y$ **c)** $-3s^2-12s$ **d)** $2x^2-x$
e) $4y^2$ f) $-28x^2+116x+24$ g) $4a^2d+2ad^2$ h) $8x^2+11xy$ i) 0

37. a) $8x^2+8x$ **b)** $2{,}1\,r^2s+2{,}1\,rs^2$ **c)** $6xyz+6xyz$

38. $S=x(y+1)$ **39.** a) $l=\frac{1}{2}a\pi$ **b)** $l=6{,}28\text{ m}$

40. a) $l=2a+48e$ **b)** $l=2690\text{ mm}$

41. a) $A=2bt+d(h-2t)$ **b)** $l=1835{,}16\text{ mm}^2$

Übungen zu 1.8

Einführung

97 **1. a)** $3\cdot5=15$ **b)** $6\cdot7=42$ **c)** $5\cdot0{,}2=1$

2. a) $b\cdot c=a$ **b)** $2b\cdot x=3a$ **c)** $4x\cdot5c=20a$

3. a) $3\cdot8\text{ cm}=24\text{ cm}$ **b)** $5{,}5\text{ m}\cdot22\text{ m}^2=121\text{ m}^3$ **c)** $8\,\frac{\text{m}}{\text{s}}\cdot12{,}5\text{ s}=300\text{ m}$

Division als Bruchrechnung

4. a) 13 **b)** 2,4 **c)** 18 cm **d)** $5y$ **e)** $64a$

Das Vorzeichen bei der Division

5. a) -3 **b)** -3 **c)** 5

6. a) 4 **b)** $-\frac{3a}{5b}$ **c)** $-\frac{5an}{b}$

97

7. a) $\frac{5xy}{ab}$ **b)** $\frac{3ab}{xy}$ **c)** $-\frac{60a}{c}$

8. a) $-\frac{8x}{3b}$ **b)** $-\frac{9bc}{2xz}$ **c)** $\frac{5ax}{bc}$

Besondere Brüche

9. a) 0 **b)** 0 **c)** 0 für $x \neq 0$ **d)** 2 **e)** b **f)** 1 **g)** 1 **h)** nicht definiert

Erweitern von Brüchen

10. a) $\frac{-6bx}{-14ax}$ **b)** $\frac{-3c}{-3x-7a}$ **c)** $\frac{24ac+12ab}{3ax}$
d) $\frac{-4abx-6adx+14acx}{-10abx-14acx}$ **e)** $\frac{-0{,}64an+0{,}36bn-0{,}26nx}{-0{,}28an+0{,}72nx}$

11. a) $\frac{28bx}{21ab}$ **b)** $\frac{49ac}{-21bc}$ **c)** $\frac{15x}{-25y}$

12. a) $\frac{36ac}{28bc}$ **b)** $\frac{-20xz}{-36yz}$ **c)** $\frac{4ax-4ay}{-12ay}$ **d)** $\frac{-16bx-24by}{32ab}$

13. a) $\frac{-30abx+36aby}{-42abz}$ **b)** $\frac{63ax-49bx}{-35ax}$ **c)** $\frac{6ac-4bc}{8cx+4cy}$ **d)** $\frac{2a+6b}{6x-2}$

98

14. a) $\frac{25abc}{35cxy}$ **b)** $\frac{49ac}{-21bc}$ **c)** $\frac{15x}{-25y}$ **d)** $\frac{36ac}{28bc}$

15. a) $\frac{-20xz}{-36yz}$ **b)** $\frac{14nx-21ny}{35abn}$ **c)** $\frac{4ax-4ay}{12ay}$ **d)** $\frac{2a+6b}{6x-2}$

16. a) $\frac{-16bx-24by}{32ab}$ **b)** $\frac{-30abx+36aby}{-42abz}$ **c)** $\frac{27ay-21by}{15cy+9xy}$
d) $\frac{21cxy+14dxy}{35axy-21bxy}$ **e)** $\frac{21bx+7cx}{(a+n)(3b+c)}$

17. b) $\frac{13}{3y}=\frac{91}{21y}$; Erweiterungsfaktor: 7 **c)** $\frac{13}{3y}=\frac{39y}{9y^2}$; Erweiterungsfaktor: 3 **d)** $\frac{13}{3y}\neq\frac{180xy}{40xy^2}$

18. b) $\frac{ax}{20}=\frac{3xy\cdot 5ax}{12y\cdot 25x}$; Erweiterungsfaktor: $15xy$ **c)** $\frac{ax}{20}\neq\frac{2x\cdot 5az}{400z\cdot 0{,}5z}$
d) $\frac{ax}{20}=\frac{x^4\cdot 60ay}{12yx^2\cdot 100x}$; Erweiterungsfaktor: $60x^3y$

19. b) $\frac{4-3x}{17y}=\frac{3x-4}{-17y}$; Erweiterungsfaktor: -1 **c)** $\frac{4-3x}{17y}\neq\frac{8-3x}{34y}$
d) $\frac{4-3x}{17y}=\frac{52r-39rx}{221r\cdot y}$; Erweiterungsfaktor: $13r$

Hauptnenner

98 **20. a)** $\frac{1}{9}=\frac{4}{36}\quad \frac{5}{12}=\frac{15}{36}$ **b)** $\frac{4}{25a}=\frac{52b}{325ab}\quad \frac{-3}{65b}=\frac{-15a}{325ab}$

c) $\frac{199a}{12b}=\frac{199a^2}{12ab}\quad \frac{91b}{6a}=\frac{182b^2}{12ab}$ **d)** $\frac{1}{5x}=\frac{21}{105x}\quad \frac{1}{7}=\frac{15x}{105x}\quad \frac{1}{105}=\frac{1\cdot x}{105\cdot x}$

21. a) $\frac{3}{25}=\frac{63}{525}\quad \frac{1}{35}=\frac{15}{525}\quad \frac{1}{15}=\frac{35}{525}$ **b)** $\frac{1}{2x}=\frac{4y}{8xy}\quad \frac{3}{4y}=\frac{6x}{8xy}\quad \frac{15}{8x}=\frac{15y}{8xy}$

c) $\frac{1}{x}=\frac{x}{x^2}\quad \frac{1}{x^2}=\frac{1}{x^2}$ **d)** $\frac{1}{xy^3}=\frac{x}{x^2y^3}\quad \frac{1}{x^2}=\frac{y^3}{x^2y^3}$

22. a) $\frac{1}{9a^2b}=\frac{7b^3}{63a^2b^4}\quad \frac{7c}{21ab^4}=\frac{21ac}{63a^2b^4}$ **b)** $\frac{9}{x\cdot(a+b)}=\frac{27}{3x(a+b)}\quad \frac{1}{3x}=\frac{a+b}{3x(a+b)}$

c) $\frac{1}{9+x}=\frac{7}{7(9+x)}\quad \frac{1}{7}=\frac{9+x}{7(9+x)}$ **d)** $\frac{1}{3a+6}=\frac{a+2}{3(a+2)^2}\quad \frac{a}{(a+2)^2}=\frac{3a}{3(a+2)^2}$

Kürzen von Brüchen

23. a) $\frac{7a}{b}$ **b)** $\frac{4}{b}$ **c)** $6a$ **d)** $3ad$ **e)** $0{,}1b$

f) $\frac{3a}{b}$ **g)** $\frac{12b}{d}$ **h)** $\frac{8x}{a}$ **i)** $6ab$

99 **24. a)** $x-y$ **b)** $a+b$ **c)** $6a-2b+3c$ **d)** $a+b+c$ **e)** $2a+5b-3x$ **f)** $4c-2dx-1$

g) $2a-4b+8c$ **h)** $13bd-4cd$ **i)** $-5a-2b+3c$ **j)** $\frac{a+2x}{ax}$ **k)** $\frac{2n+x}{4n+5x}$

25. a) $\frac{3a}{4c}$ **b)** $\frac{8b+c}{11b+2c}$ **c)** 1 **d)** 1

26. a) $3a+n$ **b)** $5x-b$ **c)** $\frac{3}{5}$ **d)** $\frac{a}{x}$

27. a) $\frac{3x}{4c}$ **b)** $\frac{2}{a-b}$ **c)** $\frac{1}{3b}$ **d)** 1

28. a) $\frac{a^2-4}{4b-1}$ **b)** $\frac{1}{x+5}$ **c)** $\frac{x^2-2}{x-4}$ **d)** $\frac{2}{a+c}$

29. a) $\frac{ax\cdot 12a}{20x^2}=\frac{6a^2}{10x}$ **b)** $\frac{ax\cdot 12a}{20x^2}=\frac{3a\cdot 5a}{25x}$ **c)** $\frac{3a^2+3a^2x}{5x+5x^2}=\frac{ax\cdot 12a}{20x^2}$

30. a) $\frac{3a-6b}{3a}\neq\frac{-6b}{1}$ **b)** $\frac{3a-6b}{3a}\neq\frac{1-6b}{1}$ **c)** $\frac{3a-6b}{3a}=\frac{5a-10b}{5a}$

31. a) $\frac{C-2B}{34AB-17AC}\neq\frac{1}{17A}$ **b)** $\frac{C-2B}{34AB-17AC}\neq -17A$ **c)** $\frac{C-2B}{34AB-17AC}=\frac{-2}{34A}$

Addition und Subtraktion von Brüchen

99

32. **a)** $\frac{2}{x}$ **b)** $\frac{2b}{x}$ **c)** $\frac{5ab+2x}{5c}$ **d)** $\frac{3a-5b}{x}$
e) -5 **f)** $2a+1$ **g)** $\frac{2-a}{a}$ **h)** $\frac{x+11y+12z}{3a}$

100

33. **a)** $1\frac{1}{18}x$ **b)** $\frac{12a-8b}{27}$ **c)** $\frac{14b-9a+8c}{20}$ **d)** $\frac{10b-a}{12}$ **e)** $\frac{9x-31y+17z}{6}$

34. **a)** $\frac{-64a+4b-23c}{15}$ **b)** $\frac{x(8a-16b-27c)}{15}$ **c)** $20\frac{31}{42}ac$
d) $\frac{355x+21y}{35}$ **e)** $-2\frac{1}{5}ab$ **f)** $\frac{12a+10b-5y}{8}$

35. **a)** $\frac{-14x+31y}{30x}$ **b)** $\frac{15a+15b-10ab+8}{15}$ **c)** $\frac{46a-21b-21n-48}{42n}$

36. **a)** $\frac{x(9a-4b)}{8ab}$ **b)** $\frac{23n-7x}{60a}$ **c)** $\frac{15x+16n}{12x}$

37. **a)** $\frac{15ax-182b^2}{168a^2b^2}$ **b)** $\frac{4x^3+12x^2-15z^3}{36x^2z^3}$ **c)** $\frac{33x^2-99rx^2-15xy+3sxy+2ry-2sy}{66x^3y}$

38. **a)** $\frac{3a-7b}{4(a-b)}$ **b)** $\frac{a(b-c+x+y)}{(y-c)(x+b)}$ **c)** $\frac{x(a+b+9cd)+5y(a+b)}{cd(a+b)}$
d) $\frac{18bcy+14a(n+x)+b(n+x)}{2cy(n+x)}$ **e)** $\frac{5a}{4(a+1)}$ **f)** $\frac{11x}{6(2x-1)}$

101

39. **a)** $\frac{x+b}{12(2x+b)}$ **b)** $\frac{-a+b}{6(2a+b)}$ **c)** $\frac{x}{3(x-1)}$ **d)** $\frac{7a+10}{15(a+2)}$ **e)** $\frac{-11c-28d}{24(c+d)}$

40. **a)** $\frac{a}{12(2a-b)}$ **b)** $\frac{4a+20b-24}{6a(3-b)}$ **c)** $\frac{-8a^2+15a-1}{3(a-1)^2}$ **d)** $\frac{x^2-3x+4}{x\cdot(x-4)}$ **e)** $\frac{19a^2-76a+46}{5(a-2)^2}$

Multiplikation von Brüchen

41. **a)** $8b$ **b)** $36xy$ **c)** $-\frac{6{,}4z}{a}$ **d)** $\frac{4-8a}{a}$

42. **a)** $\frac{1}{3}$ **b)** $\frac{15b}{z}$ **c)** $24x$ **d)** $-\frac{15a}{2nx}$ **e)** $-1\frac{1}{5}a$ **f)** 40

43. **a)** $10a$ **b)** $-\frac{m+n}{m-n}$ **c)** $2\frac{16}{21}x$ **d)** $\frac{5(a+b)}{4(a-b)}$ **e)** $\frac{2}{3}$ **f)** $\frac{5(a-2)}{2b-1}$

44. **a)** $10a+\frac{3c-7a}{2x}$ **b)** $\frac{59}{10}+20a$ **c)** $-\frac{23}{12}+\frac{5r}{72y}$
d) $\frac{1}{3}$ **e)** $\frac{-2-6a}{3}$ **f)** 0

101

45. a) $12\frac{5}{26}+\frac{b-ax}{2}$ **b)** $-\frac{4}{9}$ **c)** $-1\frac{5}{9}-\frac{4}{3}x$
d) $\frac{8a^2+32ab+27x+9y}{18a(a+2b)}$ **e)** $\frac{by}{a}$ **f)** x

102

46. a) $\frac{a}{b}\left(\frac{2}{3}+\frac{5c}{4d}\right)$ **b)** $\frac{d}{c}\left(\frac{7a}{5}-\frac{3}{8}\right)$ **c)** $\frac{ay}{n}\left(\frac{2x}{5d}-\frac{d}{3x}\right)$ **d)** $\frac{a}{n}\left(\frac{p}{x}+\frac{r}{s}-\frac{x}{y}\right)$

Division von Brüchen

47. a) $\frac{4b}{c}$ **b)** $\frac{4b}{3}$ **c)** $\frac{1}{4d}$ **d)** $-\frac{6a}{5}$ **e)** $\frac{18a}{25x}$

48. a) $6ax$ **b)** $-\frac{c}{b}$ **c)** $\frac{a}{x}$ **d)** $\frac{x}{a-b}$

49. a) $\frac{7x}{8a}$ **b)** 6 **c)** $\frac{2}{3}$ **d)** $\frac{a-b}{4(a+b)}$

50. a) $\frac{2x}{3y}$ **b)** $\frac{2a}{5x}$ **c)** $\frac{2}{3x^2}$ **d)** $\frac{2}{3}m^2$ **e)** 4 **f)** 1

51. a) x **b)** $\frac{ac-d}{ac+d}$ **c)** $\frac{ay-bx}{ay+bx}$ **d)** $\frac{1+xy}{1-xy}$ **e)** $\frac{3}{2}$ **f)** $\frac{mn}{rt}$ **g)** $\frac{ab}{xy}$

Rechenregeln für die Division

52. a) Die Ergebnisse sind nicht gleich! **b)** Die Ergebnisse sind nicht gleich!
c) Die Ergebnisse sind gleich!

103

53. a) $4c-2dx-\frac{1}{2}$ **b)** $6a-3bd+7x$ **c)** $13ab-4ac+15bc$
d) $-6n+3b-4c$ **e)** $-6b+2c+4x$ **f)** $-6x+4y-z$
g) $-5a-12b+25c$ **h)** $3a-\frac{5}{13}b+7c$ **i)** $\frac{3}{x}-\frac{2}{b}+\frac{4}{a}$

54. a) $\frac{5c}{4b}+\frac{b}{2c}$ **b)** $\frac{6c}{5ax}+\frac{7c}{2y}-\frac{4}{5c}$ **c)** $\frac{3}{4b}-\frac{4a}{3b}+2$ **d)** $\frac{2}{39n}-\frac{9s}{25qv}+\frac{5s}{17qw}$
e) $\frac{46x}{c}+\frac{69x}{b}-\frac{115x}{a}$ **f)** $\frac{9}{20}+\frac{cy}{2b}-\frac{3x}{40b}$ **g)** $-\frac{7}{6x}+\frac{12c}{ax}-\frac{9}{4b}$

55. a) $\frac{2x}{c-4d+2x}$ **b)** $\frac{1}{a-x}$ **c)** $\frac{2a}{ax-cx+1}$ **d)** $\frac{4b}{x-3y+4}$

56. a) 9 **b)** $5c$ **c)** 13 **d)** $c+d$

Vermischte Aufgaben zur Wiederholung von 1.8

57. a) $\frac{4bc}{x}$ **b)** $-\frac{5PN}{B}$ **c)** $\frac{6xz}{ab}$ **d)** $-\frac{5ab}{x}$ 103
e) $\frac{5ax}{bc}$ **f)** $-\frac{4ab}{c}$ **g)** 4 **h)** $-\frac{3ab}{xy}$

58. a) $2(3r-2s)$ **b)** $\frac{2(x+3y)}{4x+y}$ **c)** $\frac{2}{3}$ **d)** $\frac{x}{m}$ **e)** $\frac{2}{3}$ **f)** $\frac{3}{2}$ **g)** $\frac{5}{14}$ 104

59. a) $\frac{3a}{4b}=\frac{9ay}{12by};\ \frac{5x}{6y}=\frac{10bx}{12by}$ **b)** $\frac{5x}{12y}=\frac{10x}{24y};\ \frac{7x}{8y}=\frac{21x}{24y}$ **c)** $\frac{6a}{7b}=\frac{30ay}{35by};\ \frac{4x}{5y}=\frac{28bx}{35by}$
d) $\frac{2a}{5x}=\frac{28a}{70x};\ \frac{3a}{7x}=\frac{30a}{70x};\ \frac{7a}{10x}=\frac{49a}{70x}$ **e)** $\frac{2}{(4x+4y)}=\frac{2a}{4a(x+y)};\ \frac{1}{2a}=\frac{2(x+y)}{4a(x+y)}$
f) $\frac{(5a-b)}{7(3a-4b)}=\frac{3(5a-b)(3a+4b)}{21(3a-4b)(3a+4b)};\ \frac{(a-3b)}{3(3a+4b)}=\frac{7(a-3b)(3a-4b)}{21(3a+4b)(3a-4b)}$
g) $\frac{(7x-11a)}{3(10y+7a)}=\frac{49x-77a}{21(10x+7a)};\ \frac{(12x-35a)}{7(10x+7a)}=\frac{36x-105a}{21(10x+7a)}$

60. a) $\frac{a+2b+2}{c}$ **b)** $\frac{4x}{ab}$ **c)** $\frac{x+4y+4z}{a}$ **d)** 6 **e)** 8 **f)** $\frac{9a+46x}{12}$

61. a) $\frac{11ab+2ay-9bx}{27aby}$ **b)** $\frac{32ay-32by-20ax+20bx-21a+21b+2x-22xy}{24xy(a-b)}$
c) $\frac{20bcd-103bc-23bd+127b-19abd+91ab+abc}{(a-3)(c-4)(d-5)}$ **d)** $\frac{11x-13y}{9(x+1)}$

62. a) $\frac{-54x-110y-15xy-6}{2(5y+3)(15y-6)}$ **b)** $\frac{4x+133y}{84(x-y)}$ **c)** $\frac{x}{3(x-1)}$ 105
d) $\frac{a}{12(2a-b)}$ **e)** $\frac{24x}{(2a-3)(5x-1)}$ **f)** $\frac{18a}{5a-3}$

63. a) $\frac{8axz}{3y}$ **b)** 20 **c)** $\frac{8ax}{5}$ **d)** $-\frac{3xz}{4y}$ **e)** $\frac{28x}{5c}$ **f)** $-\frac{1}{9}$ **g)** $-\frac{4abcd}{eh}$

64. a) $\frac{3}{4}xz$ **b)** $\frac{5(a+b)}{4(a-b)}$ **c)** $\frac{2}{3}a$ **d)** $\frac{5(a-2)}{2b-1}$ **e)** 0 **f)** $-\frac{1}{2}-\frac{9d(a-b)}{x+y}$ **g)** $12\frac{5}{26}-\frac{ax}{2}+\frac{b}{2}$

65. a) $\frac{52b}{27c}$ **b)** $\frac{22x}{15y}$ **c)** $\frac{9}{8}$ **d)** $\frac{1}{10}$ **e)** $\frac{x(m+n)}{m(x+y)}$

66. a) $\frac{35}{48}$ **b)** $\frac{y+x}{y-x}$ **c)** $\frac{ay-bx}{ay+bx}$ **67. a)** $\frac{3}{2}$ **b)** $\frac{mn}{rt}$ **c)** $\frac{ab}{3xy}$

68. a) $2a-3c-5x$ **b)** $2b-c+3$ **69. a)** $x=\frac{l-a-b-nd}{n-1}$ **b)** 30,54 mm

70. a) $e=\frac{l-2a}{n-1}$ **b)** 40 mm **71. a)** $n=n_A\cdot n_B=\frac{(A-2a+e_1)(B-2b+e_2)}{e_1 e_2}$ **b)** 180

Übungen zu 1.9

Potenz vor Punkt vor Strich

122 **1. a)** 1000 **b)** 1110 **c)** 4 **d)** 0,5 **e)** -16 **f)** $-3x$
g) $9x^2$ **h)** $-14a^3$ **i)** $-0{,}125$ **j)** 0,2 **k)** 71 **l)** 150
m) -28 **n)** $-0{,}8x^6$ **o)** $-\frac{1}{32}$ **p)** 80 **q)** $\frac{1}{5}$ **r)** 0

Addieren und Subtrahieren von Potenzen

2. a) $6a^3$ **b)** $4b^5$ **c)** m^2x **d)** 0 **e)** $4{,}2a^2x^5$

3. a) $7a^4+12a^8$ **b)** $8x^5-7x^3$ **c)** $3a^2$ **d)** $3x^3-3x^2$ **e)** $2ab$

4. a) 0 **b)** $2uv+2u^2$ **c)** $12a^2bc+3ab-4ac$ **d)** $4a^2x^2-4x^2$ **e)** $2{,}3n^2-4{,}2n^3+20n^4$

5. a) $17a^3b^3x+7a^3b^2x^2$ **b)** $1\frac{1}{4}a^4+2\frac{14}{15}a^3$ **c)** $2\frac{3}{4}ab^2x+1\frac{1}{3}a^2bx$
d) $3a^2b+5n^2x^2$ **e)** $22a^4b-10a^3b^2$

6. a) $11a^2b^2x-9a^2b^2x^2$ **b)** $21x^5n^7+7x^4y$ **c)** 0 **d)** $-6rs$

123 **7. a)** $-25r^2z$ **b)** $5x^2yz+2xy^2z$ **c)** $45ab^2c-3ac$
d) $-4{,}6uvx+5$ **e)** $-6a^2b-22abc$

8. a) 0 **b)** $12x^2-19xy$ **c)** $4abc+14ab-2a^2c$

Das Vorzeichen beim Potenzieren

9. a) -55 **b)** $a^6b^6x^6$ **c)** 345 **d)** $\frac{143}{64}$

10. a) $-27\frac{b^3}{x^3}$ **b)** $\frac{256a^4}{625b^4}$ **c)** $\frac{25a^2x^2}{4}$ **d)** $-\frac{1}{32a^5b^5}$ **e)** $-21\frac{119}{240}$

11. a) $\frac{5}{48}$ **b)** 6 **c)** $59\frac{13}{64}$

Potenzen mit ganzzahligen Exponenten

12. a) $\frac{1}{16}$ **b)** $\frac{1}{125}$ **c)** $-\frac{1}{32}$ **d)** $\frac{1}{81}$ **e)** $\frac{1}{a^{10}}$

13. a) 0,0001 **b)** $\frac{1}{16x^4}$ **c)** $\frac{1}{q^7r^7}$ **d)** $\frac{1}{3^n}$ **e)** $\frac{1}{3^{2n}}$

14. a) $\frac{1}{(a+2)^4}$ **b)** 12 **c)** $\frac{2}{x^8}$ **d)** $\frac{0{,}6}{(1-q)^6}$ **e)** $\frac{1}{2x^4}$

15. a) $\frac{1}{5x^7}$ **b)** $\frac{1}{5q^s}$ **c)** $\frac{1}{2y^{10}}$ **d)** $\frac{1}{16c^6}$ **e)** $\frac{1}{3(w-5)^n}$

123

16. a) 8 **b)** 25 **c)** z^2 **d)** t^8 **e)** $3x^5$

124

17. a) $4c^2$ **b)** $-1{,}5y^2$ **c)** $0{,}7j^2$ **d)** $\frac{25x}{q^4}$ **e)** $9{,}5\frac{y^2}{x^4}$ **f)** $\frac{8}{y}$

18. a) $\frac{9a^3c^2}{b}$ **b)** $\frac{3x^3}{a^7b^9}$ **c)** $\frac{16}{9}$ **d)** $\frac{y^3}{x^3}$ **e)** $\frac{16}{a^2b^2}$ **f)** $\frac{4^k}{3^k}$
g) $\frac{4^{k-3}}{3^{k-3}}$ **h)** $\frac{t^{2x+1}}{w^{2x+1}}$ **i)** $\frac{2^{y-9}\cdot z^{y-9}}{x^{y-9}}$

19. a) 64 **b)** 4 **c)** $\frac{b^3}{8a^4}$ **d)** $\frac{2}{15r}$ **e)** $1{,}25l$

20. a) 3 **b)** $1{,}5x$ **c)** $\frac{3}{a}$ **d)** $3a$ **e)** $2a^n+a^m$

21. a) $\frac{7a}{2b}$ **b)** 0 **c)** $\frac{y}{x^3}+1{,}5x^3y$ **d)** 1 **e)** $2{,}5$

22. a) $\frac{81}{11}$ **b)** $\frac{11a}{6}$ **c)** $\frac{4}{1+x}$

Potenzgesetze

23. a) a^5 **b)** x^{14} **c)** x^{11} **d)** a^9 **e)** 60
f) $0{,}9$ **g)** $0{,}03a^{-7}$ **h)** $6a^6b^8$ **i)** $30a^5n^8$

24. a) $3{,}68a^7b^5x^4$ **b)** $\frac{1}{4}a^6b^9c^8$ **c)** $90n^8x^{12}z^{13}$ **d)** $3x^5-6x^3$
e) $12a^2-8a^{-5}+20a^{-2}$ **f)** $14{,}4-1{,}56n^2x$ **g)** a^{4x} **h)** a^{15x} **i)** b^{6a}

25. a) x^{3a+1} **b)** a^{2x} **c)** n^{8x-a} **d)** b^{2a}
e) x^{13n+4b} **f)** $(n+a)^{6x+y}$ **g)** $(a+b)^{6a+3}$ **h)** $(a+b)^{a+b}$

26. a) $-6(n+x)^{b-2a}$ **b)** $-20a^{6+4y}$

27. a) $20a^4c^8x^7-16a^6c^3x^5$ **b)** $10b^4n^8x^5-6b^6n^5x^2$
c) $8a^3bc^3x-12a^{-1}bc^3x^6y^7+14a^{-2}bc^3xy$ **d)** $72x^2n^0-72x^1n^{-1}=72x^2-72xn^{-1}$ 125
e) $375a^3b^{14}c-120a^6b^8+135a^3b^{12}x$ **f)** $6x^{10}$

28. a) $16{,}5a^5-9a^3$ **b)** $-9xy^2-x$ **c)** $25a^8-9x^2y^4$
d) $\frac{4a^2x^2}{25b^2n^2}-\frac{7a^2}{5ny}+\frac{49a^2b^2}{16x^2y^2}$ **e)** 0 **f)** $1{,}5e^{2-x}+e^3$

29. a) $-12\cdot 4^{2n}$ **b)** $7\cdot 2^{-x}$ **c)** $\frac{5}{8}\cdot\left(\frac{1}{2}\right)^{2x}$

30. a) b^2 **b)** x^5 **c)** a^{-1} **d)** x^{-3} **e)** a^{-2}
f) $(a-b)^2$ **g)** $(n+x)^{-3}$ **h)** $(n+a)^{-2}$ **i)** $\frac{x}{a}$

125 **31. a)** $1{,}5ab^3$ **b)** $\frac{1}{2n^{10}x}$ **c)** $\frac{3a^4z}{4b^2x}$ **d)** $\frac{3x^7}{n^5b}$ **e)** $\frac{5}{6ab^2}$
f) $\frac{16y}{3x^3}$ **g)** $\frac{3axy}{5}$ **h)** $\frac{y}{2}$ **i)** $\frac{aby^2}{12nx}$

32. a) $\frac{5b^7}{3a^6}$ **b)** $\frac{9b^5}{4ad^9}$ **c)** $\left(\frac{n}{x}\right)^a \cdot \left(\frac{4b}{3a}\right)^a$ **d)** $\frac{b^2c^7d^3}{147a}$
e) $(n+x)^5(a+b)^4$ **f)** $\frac{3}{5x^{2b}}$ **g)** $\frac{2a^4x}{3c^2b^3}$ **h)** $\frac{cx^2}{nb^2}$

33. a) $\frac{4a^5b^6}{5c^5x^6}$ **b)** $\frac{36a^2b^6y^2}{x^6}$ **c)** $\frac{4(a+b)^3}{3(a-b)}$ **d)** $-4\frac{1}{2}a^3x^3$ **e)** $\frac{(a-b)^2}{(n+x)^2} - \frac{(n+x)^2}{(a-b)^2}$

126 **34. a)** $\frac{4a^3x^2+10n}{5x^4}$ **b)** $\frac{5a^2b-9c^3n^2x}{n^4x^5}$ **c)** $\frac{3xy+2x}{6y^2}$ **d)** $\frac{2c^2+3ac}{a^2b^2}$
e) $\frac{91a^3-30a}{156b^2}$ **f)** $\frac{ny(1+2x^4-3x^3)}{x^2}$

35. a) n^{2a-4b} **b)** $\frac{1}{3}b^n$ **c)** $\frac{1}{3}a^{12}$ **d)** $(a+b)^{4x}\cdot(a-b)^{4x}$
e) 0 **f)** $-\frac{a^{5x-4}}{30}$ **g)** $2n^{a+2b}$ **h)** 1

36. a) $-x^2y$ **b)** $-\frac{2q^2}{r}$ **c)** a **d)** $\frac{2x^3y^4-2xy}{1-12yz}$
e) $\frac{a^4c+a^2d+b^4c}{c^{-1}-a^2b^2c}$ **f)** 3^{n-6} **g)** 2 **h)** 14

37. a) $64a^3$ **b)** $81a^4b^4c^4$ **c)** $5^nb^nx^ny^n$

38. a) $192a^4b^4$ **b)** $64x^2y^2$ **c)** $72a^3x^3$ **d)** $625x^4y^2$

39. a) 0 **b)** 10^{x+1} **c)** -22

127 **40. a)** $\frac{243c^5}{32d^5}$ **b)** $\frac{n^cx^c}{a^cb^c}$ **c)** $\frac{16a^4}{81x^4}$ **d)** $\frac{24a^3b^3c^3}{x^3}$ **e)** $20\frac{1}{4}a^2b^2$
f) $181\frac{26}{27}x^3y^3$ **g)** $\frac{375a^3}{x^3}$ **h)** $\frac{64n^2}{9m^2}$ **i)** $\frac{375a^4}{256x^2}$

41. a) $\frac{1}{x^2y^2}$ **b)** $\frac{512}{(a+b)(ab)^9}$ **c)** $\frac{257a^4}{16b^4}$ **d)** 6400
e) $\frac{4(a+b)}{3(n+y)^3}$ **f)** $\frac{128a^3}{b^3}$ **g)** $1-a$

42. a) $1{,}5^c$ **b)** $3\cdot 1{,}5^c$ **c)** $2\cdot 1{,}5^x$ **d)** $12\cdot 2^{-2x}$

43. a) b^{12} **b)** n^{2x} **c)** a^{3n-3} **d)** $n^{12}b^{16}$ **e)** $9x^4y^6$
f) $4a^6b^{21}$ **g)** $2187a^7x^{21}$ **h)** $\frac{9}{2}a^6b^9$ **i)** a^{3x+3}

44. a) $\frac{1}{b^{nx}}$ **b)** a^{bx} **c)** 1 **d)** $\frac{1}{2}$ **e)** $\frac{343}{64a^6}$ 127
f) b^{4x} **g)** $\frac{625c^4}{16a^8b^4x^4}$ **h)** $-\frac{x^5}{a^{10}}$ **i)** $\frac{9b^4}{4a^4x^6}$ **j)** $\frac{a^9c^6}{b^{12}x^6}$

45. a) $\frac{1}{a^{-4}+2a^{-2}b^{-3}+b^{-6}}$ **b)** $a^{nx}b^{nx}$ **c)** x^{30} **d)** $n^{-8}x^{-12}$ **e)** $\frac{1}{64}$
f) $a^{6ax-2ab}$ **g)** $b^{axy-bxy}$ **h)** $x^{a^2-b^2}$ **i)** $a^{4x^2-25b^2}$ **j)** $10a^{12}$

46. a) $2b^{15}$ **b)** $\frac{a^3b^3}{y^3}$ **c)** $(a^2+y^2)^{a+b}$ **d)** $\frac{a^5}{b^8}$ **e)** $\left(\frac{5a}{4c}\right)^{bx}$ **f)** 5

47. a) 0 **b)** $8\cdot 27^x$ **c)** $\frac{64}{3}$ 128

Vermischte Aufgaben zur Wiederholung

48. a) 2 **b)** $72x^3$ **c)** -24 **d)** $144x^2$
e) $-12b^5x$ **f)** $-12ab^4$ **g)** $-6a^3b^3$ **h)** a^4x^9

49. a) $\frac{x-1}{x+1}$ **b)** $\frac{1}{x}$ **c)** $\frac{2-x}{2+x}$ **d)** $\frac{9y}{10x}$ **e)** $\frac{b}{x(x+b)}$ **f)** $\frac{vh}{v^2-h^2}$

50. a) $-\frac{54bx^3}{25y^3}$ **b)** $c^{a+2b}\cdot y^{a+b}$ **c)** $\frac{20}{21}a^x$ **d)** x^{2m}
e) $10x^3-15x^2y-20xy^2$ **f)** $(a+b)^6$ **g)** $195a^4b^2-455a^3b^3+520a^2b^4$

51. a) $\frac{81b^9c}{32000a}$ **b)** $(xy)^{10}$ **c)** $(xy)^2$
d) $\frac{7^5\cdot 24^n\cdot a^{n+5}\cdot b^{2n}}{8^5\cdot 35^n\cdot c^{6n-10}}$ **e)** $0{,}16a^6-0{,}4a^3b^3+0{,}25b^6$ **f)** $\frac{9x^4y^6}{16z^6}-\frac{4y}{3xz}+\frac{64z^4}{81x^6y^4}$

52. a) 1 **b)** 19,5 **c)** $\frac{1}{(xy)^a}$ **d)** 16 **e)** 9 **f)** $\frac{1}{4}$

53. a) $1\frac{127}{216}$ **b)** $\frac{1}{x^6}$ **c)** $-\frac{1}{x^6}$ **d)** $-\frac{1}{x^6}$ **e)** $-x^6$ **f)** $2x^2y^8z^{-2}$

54. a) $\frac{27}{64}y^9$ **b)** $-\frac{y^{a+b}z}{16dx^{a+b}}$ **c)** $\frac{a^2b^2\cdot x^6}{y^2}$ **d)** $\frac{4}{a^2}-\frac{12}{ab}+\frac{9}{b^2}$ **e)** $\frac{y^2}{a^3b^6x^4}$ **f)** $125^na^3b^{12}$

55. a) $\frac{a^2+b^2+c^2}{abc}$ **b)** $1\frac{7}{15}x$ **c)** $\frac{x+6}{12}$ **d)** $\frac{x^2+y^2}{x^2-y^2}$ 129
e) $\frac{17a}{6(b-3)}$ **f)** $\frac{a^2-a+1}{a^2+3a}$ **g)** $\frac{4a+1}{6(a-2)}$ **h)** $\frac{a^2}{a-b}$

56. a) $-\frac{2}{a+1}$ **b)** $-\frac{8}{x+3}$ **c)** a **d)** $-\frac{b^2}{a+b}$
e) $\frac{1}{2a^{n+2}}$ **f)** $3a-3b$ **g)** $\frac{18x^2y}{x+y}$ **h)** $\frac{(x-y)^4-(a+b)^4}{(a+b)^2(x-y)^2}$

129 **Aufgaben zu Zehnerpotenzen**

57. a) 235 000 **b)** 340 000 **c)** 1 987 600 **d)** 0,0046 **e)** 0,000 029 07 **f)** 0,00019

58. a) $2{,}3478 \cdot 10^2$ **b)** $1{,}09876 \cdot 10^5$ **c)** $2{,}307 \cdot 10^1$
d) $2{,}3 \cdot 10^{-2}$ **e)** $3{,}45 \cdot 10^{-6}$

59. a) $2{,}5 \cdot 10^{17}$ Byte **b)** $1 \cdot 10^{-13}$ Sekunden **c)** $1{,}2 \cdot 10^{10}$ Meter **d)** $2{,}2 \cdot 10^{-17}$ Gramm

60. a) Hundert Millionstel $2 \cdot 10^{-8}$ **b)** Hundert Milliardenstel $1{,}4 \cdot 10^{-11}$
c) Hundert Millionen $2 \cdot 10^8$ **d)** Millionstel $3{,}12 \cdot 10^{-6}$
e) Milliarden $2{,}001 \cdot 10^9$ **f)** Tausendstel $1{,}76 \cdot 10^{-3}$

Übungen zu 1.10

Potenzieren von Summentermen

137 **1. a)** $4x^2 + 12ax + 9a^2$ **b)** $36a^2 - 36ab + 9b^2$
c) $6{,}25 - 5b + b^2$ **d)** $2{,}25a^2x^2 - 7{,}5abcx + 6{,}25b^2c^2$
e) $\frac{1}{9}a^2b^2 - \frac{1}{2}abmn + \frac{9}{16}m^2n^2$ **f)** $\frac{4}{25}a^2x^2 + \frac{12}{35}abxy + \frac{9}{49}b^2y^2$
g) $10\frac{9}{16}a^2b^2c^2 + 36\frac{5}{6}abcnx + 32\frac{1}{9}n^2x^2$ **h)** $a^2 + b^2 + c^2 - 2ab + 2ac - 2bc$
i) $4a^2 + 16x^2 + 64 + 16ax - 32a - 64x$

2. a) $a^3 - 3a^2b + 3ab^2 - b^3$ **b)** $a^3 + 3a^2b + 3ab^2 + b^3$
c) $a^4 + 4a^3b + 6a^2b^2 + 4ab^3 + b^4$
d) $a^6 + 6a^5b + 15a^4b^2 + 20a^3b^3 + 15a^2b^4 + 6ab^5 + b^6$
e) $a^{11} - 11a^{10}b + 55a^9b^2 - 165a^8b^3 + 330a^7b^4 -$
$462a^6b^5 + 462a^5b^6 - 330a^4b^7 + 165a^3b^8 - 55a^2b^9 + 11ab^{10} - b^{11}$
f) $a^{12} + 12a^{11}b + 66a^{10}b^2 + 220a^9b^3 + 495a^8b^4 +$
$792a^7b^5 + 92a^6b^6 + 792a^5b^7 + 495a^4b^8 + 220a^3b^9 + 66a^2b^{10} + 12ab^{11} + b^{12}$

3. a) $8x^3 + 36x^2n + 54xn^2 + 27n^3$ **b)** $8a^3 - 60a^2c + 150ac^2 - 125c^3$
c) $0{,}25a^4 - 1{,}5a^2x^2 + 2{,}25x^4$
d) $16a^{10} + 64b^4c^2 + 4x^6z^2 - 64a^5b^2c - 32b^2cx^3z + 16a^5x^3z$
e) $\frac{4a^2x^2}{25b^2n^2} - \frac{7a^2}{5ny} + \frac{49a^2b^2}{16x^2y^2}$ **f)** $0{,}04x^{2n} + 2x^{2n-2} + 25x^{2n-4}$
g) $2{,}25a^{2x-2} - 3a^{2x+2} + a^{2x+6}$

4. a) $\frac{1}{9}b^{2x-2} + \frac{1}{2}b^{2x-3} + \frac{9}{16}b^{2x-4}$ **b)** $27a^3 + 108a^2b + 144ab^2 + 64b^3$
c) $125x^6 - 150x^4y + 60x^2y^2 - 8y^3$
d) $a^3 + b^3 - c^3 + 3a^2b - 3a^2c + 3ab^2 + 3ac^2 - 3b^2c + 3bc^2 - 6abc$
e) $125a^6 + 225a^4b^3 - 300a^4x^4 + 135a^2b^6 - 360a^2b^3x^4 + 240a^2x^8 +$
$27b^9 - 108b^6x^4 + 144b^3x^8 - 64x^{12}$
f) $(-(a+b))^2$ **g)** $4x^2 + 12xy + 9y^2$

Faktorisieren mithilfe der binomischen Formeln

137

5. a) $(x+y)(x-y)$ **b)** $(2+a)(2-a)$ **c)** $(3b+4c)(3b-4c)$ **d)** $(b+3)(b-3)$

6. a) $\left(\frac{1}{2}x+1\right)\cdot\left(\frac{1}{2}x-1\right)$ **b)** $(8n+5m)(8n-5m)$ **c)** $(1+a)(1-a)$
d) $(b^2+4b)(b^2-4b)$ **e)** $b(3b+1)(3b-1)$

7. a) $x(x+2)(x-2)$ **b)** $5(a+4)(a-4)$ **c)** $(0{,}5ab+0{,}6xy)(0{,}5ab-0{,}6xy)$
d) $\left(\frac{1}{6}x+\frac{1}{2}y\right)\cdot\left(\frac{1}{6}x-\frac{1}{2}y\right)$ **e)** $b\left(\frac{3}{2}ab+\frac{5}{4}x\right)\cdot\left(\frac{3}{2}ab-\frac{5}{4}x\right)$

8. a) $(a^2+16)(a+4)(a-4)$ **b)** $(9x^2+4b^2)(3x+2b)(3x-2b)$
c) $(16+25a^2)(4+5a)(4-5a)$
d) $\left(4n^2+\frac{1}{4}m^2\right)\cdot\left(2n+\frac{1}{2}m\right)\cdot\left(2n-\frac{1}{2}m\right)$ **e)** $\left(\frac{a^2}{16}+\frac{b^2}{9}\right)\cdot\left(\frac{a}{4}+\frac{b}{3}\right)\cdot\left(\frac{a}{4}-\frac{b}{3}\right)$

9. a) $\left(\frac{a^2b^2}{25}+\frac{x^2y^2}{9}\right)\cdot\left(\frac{ab}{5}+\frac{xy}{3}\right)\cdot\left(\frac{ab}{5}-\frac{xy}{3}\right)$ **b)** $(a+2)^2$
c) $(b-2)^2$ **d)** $(x-4)^2$ **e)** $(6a-5)^2$

10. a) $\left(n+\frac{1}{2}x\right)^2$ **b)** $2(b-3)^2$ **c)** $(6x-5)^2$ **d)** $(0{,}9b+0{,}8)^2$
e) $2ab(6-5b)^2$ **f)** $\left(\frac{2}{5}n-\frac{3}{2}x\right)^2$

11. a) $\frac{4a^2-6a+9}{2a+3}$ **b)** $\frac{4a^2+6a+9}{2a-3}$ **c)** $\frac{(4a^2+6a+9)}{2a+3}$

Übungen zu 1.11

Radizieren von Zahlen

149

1. a) 253 **b)** 170,276 **c)** 410 **d)** 57 **e)** 63,498 **f)** 99

2. a) 59 **b)** 44 **c)** 593 **d)** 799 **e)** 33,196 **f)** 39,205

3. a) 42,697 **b)** 63,301 **c)** 65,299 **d)** 86,302 **e)** 78,6 **f)** 83,899

4. a) 72,201 **b)** 99,9 **c)** 91,8 **d)** 13,9 **e)** 78,8 **f)** 62,9

5. a) 688 **b)** 78,9 **c)** 0,117 **d)** 0,236 **e)** 0,05 **f)** 1,142

6. a) $a=68$ m **b)** $a=82$ cm **c)** $a=87$ cm **d)** $a=829$ m **e)** $a=883$ cm
f) $a=63{,}1$ cm **g)** $a=68{,}3$ cm **h)** $a=65{,}1$ m **i)** $a=76{,}7$ m **j)** $a=79{,}9$ cm

7. $a=14{,}24$ m **8.** $a=59{,}92$ cm **9.** $a=1{,}04$ m

10. $a=1{,}2$ m **11.** $a=1{,}8$ m

Addieren und Subtrahieren von Wurzeltermen

149 **12. a)** $8\sqrt{a}$ **b)** $7\sqrt[3]{n}$ **c)** $(a+b)\sqrt[n]{ax}$ **d)** $(3n-4a)\sqrt{a}$

13. a) $\frac{1}{4}\sqrt[3]{a}+\frac{1}{5}\sqrt{a}$ **b)** $\frac{13}{10}$ **c)** $\sqrt[3]{ax}+\sqrt[3]{ab}$ **d)** $4{,}5\sqrt{x}+1{,}6\sqrt[3]{x}$ **e)** $-2\frac{2}{15}\sqrt{an}$

Radizieren von Produkttermen und Multiplizieren von Wurzeltermen

150 **14. a)** 12 **b)** $125\cdot\sqrt{5}$ **c)** $5\cdot\sqrt[3]{a}$ **d)** 4
e) $\frac{1}{2}\sqrt[4]{a}$ **f)** $12\cdot\sqrt{n+x}$ **g)** 2

15. a) 5 **b)** 8 **c)** 4 **d)** 3
e) 18 **f)** $210ab$ **g)** $60a$ **g)** $4a$

16. a) -103 **b)** $16-63a^2$ **c)** 240 **d)** 2
e) $120b^2$ **f)** 80 **g)** 1

17. a) $4\cdot\sqrt{2}$ **b)** $5\cdot\sqrt{6}$ **c)** $18\sqrt{5}$ **d)** $30a\cdot\sqrt{2}$
e) $20x\sqrt{3}$ **f)** $29ab\sqrt{2}$ **g)** 0

Radizieren von Bruchtermen und Dividieren von Wurzeltermen

18. a) $\frac{4}{5}$ **b)** $\frac{6}{\sqrt{x}}$ **c)** $\frac{2}{7}\cdot\frac{1}{\sqrt{x}}$ **d)** $\frac{3}{7}\cdot\frac{\sqrt[3]{|a|}}{\sqrt[3]{|b|}}$
e) $\frac{3}{2}$ **f)** $\frac{3}{2}$ **g)** 1

19. a) $\frac{5\cdot\sqrt{3}}{3\cdot\sqrt{2}}$ **b)** $\frac{1}{\sqrt{2}}$ **c)** $\frac{7|a|\cdot\sqrt{b}}{8}$ **d)** $\frac{2}{y}$
e) 2 **f)** $32a$ **g)** 2 **h)** $\frac{x}{2}$

20. a) $\frac{5}{6}\sqrt{6}$ **b)** $\sqrt{2}$ **c)** $\sqrt{3}$ **d)** 2
e) $\sqrt{n}$ **f)** $\frac{a}{b}\sqrt{b}$ **g)** $\frac{1}{11}\sqrt{6}$ **h)** $\frac{1}{3}\sqrt{3}$
i) $\frac{1}{7}\sqrt{35}$ **j)** $\frac{1}{2}\sqrt{3}$ **k)** $\frac{1}{b}\sqrt{a}\cdot\sqrt{b}$

21. a) $\frac{1}{2}(3-\sqrt{3})$ **b)** $4(\sqrt{5}+2)$ **c)** $\frac{(2+\sqrt{x})^2}{4-x}$ **d)** $\frac{(\sqrt{a}-\sqrt{b})^2}{a-b}$

Radizieren von Potenztermen und Potenzieren von Wurzeltermen

22. a) 8 **b)** 216 **c)** 81 **d)** 25
e) a^2 **f)** a **g)** 36
h) $|a|$ für $x=2n,\ n\in\mathbb{N}^*$: $a\in\mathbb{R}$ a für $x=2n+1,\ n\in\mathbb{N}$: $a\in\mathbb{R}^{\geq 0}$ **i)** $|a|\cdot|b|$

23. a) $6|x|$ **b)** $6x$ **c)** $12|a||b|$

d) $|a|b^2$ für $x=2n,\ n\in\mathbb{N}^*;\ a,\ b\in\mathbb{R}$ ab^2 für $x=2n+1,\ n\in\mathbb{N};\ a\in\mathbb{R}^{\geq 0}$ und $b\in\mathbb{R}$ 151

e) $|a^3|b^2\sqrt{ab}$ **f)** $5\sqrt{2}x^2$ **g)** a^3b^4 **h)** x^2 **i)** $4a^4b^2$

24. a) $|x|^n$ für $n\in\mathbb{R}^+;\ x\in\mathbb{R}$ $\frac{1}{|x|^n}$ für $n\in\mathbb{R}^{\leq 0};\ x\in\mathbb{R}^*$ **b)** $(a-b)^2$

c) $(a+b)^2$ **d)** $5(a+b-c)$

e) $|b|\sqrt[n]{a}$ für $n=2r,\ r\in\mathbb{N}^*;\ a\in\mathbb{R}^{\geq 0}$ und $b\in\mathbb{R}$ $b\sqrt[n]{a}$ für $n=2r+1,\ r\in\mathbb{N};\ a,\ b\in\mathbb{R}^{\geq 0}$

f) $28|a|$ **g)** x **h)** $a^2|b|$ **i)** $3a$

25. a) x^3 **b)** $(n+x)^2$ **c)** 3 **d)** 7

e) 16 **f)** $\sqrt{a}$ **g)** $x^{\frac{1}{a}}$ für $x\in\mathbb{R}^{\geq 0}$ $x^{\frac{1}{a}}$ für $x\in\mathbb{R}^+$

h) $4a$ **i)** $64nx^3$

26. a) $16a^6n^2$ **b)** $x\sqrt[6]{x}$ **c)** $\frac{1}{2}\sqrt{a}$ **d)** $x-2\sqrt{x}\sqrt{y}+y$

e) $3\sqrt[3]{|x|}$ **f)** $|b|^3+b^3$ **g)** $4\sqrt[6]{x^5}+6x$ **h)** $3n$

27. a) $\frac{|a|\sqrt{6}}{3}$ **b)** $\frac{|a|}{2b^2}$ **c)** $2a$

d) $|n|\sqrt[3]{x^2}$ **e)** $\frac{4}{9}a^2\sqrt[3]{\frac{4}{9}a^2}$ **f)** $4n$

28. a) $16a^2b$ **b)** $\frac{3}{8}$ **c)** $\frac{1}{|x|}$ 152

d) $\sqrt{x}(|n|+n)$ **e)** $\frac{a^3}{b^2}$ **f)** $3\frac{\sqrt[a]{b}}{\sqrt[a]{c}}$

29. a) $|c|\cdot\sqrt[x]{c^2}$ für $x=2n,\ n\in\mathbb{N}^*:\ c\in\mathbb{R}$ $c\cdot\sqrt[x]{c^2}$ für $x=2n+1,\ n\in\mathbb{N}:\ c\in\mathbb{R}^{\geq 0}$

b) $\frac{1}{b}$ für $a=0:\ b\in\mathbb{R}^+$ 1 für $a=\frac{1}{2}:\ b\in\mathbb{R}$

b^{2a-1} für $a\in\mathbb{N}^*:\ b\in\mathbb{R}^{\geq 0}$ $|b|^{2a-1}$ für $a\in\mathbb{Q}^{>\frac{1}{2}}\setminus\mathbb{N}^*:\ b\in\mathbb{R}$

c) $|n^c|$ für $a=2r,\ r\in\mathbb{N}^*:\ n^c\in\mathbb{R}^*$ n^c für $a=2r+1,\ r\in\mathbb{N}:\ n^c\in\mathbb{R}^+$

d) $|n+x|^3$ für $a-b=2n,\ n\in\mathbb{N}^*:\ n+x\in\mathbb{R}$

$(n+x)^3$ für $a-b=2n+1,\ n\in\mathbb{N}:\ n+x\in\mathbb{R}^{\geq 0}$

30. a) $4b\sqrt[5]{b^n}$ **b)** x^{a-b} **c)** $(|n|+|x|)\sqrt[4]{|n|}\cdot\sqrt[4]{|x|}$ **d)** x **e)** $\frac{1}{|x|^{2b}}$

31. a) $\frac{3}{4}$ **b)** 25 **c)** $12|x|$ **d)** 5 **e)** $1\frac{1}{2}$

32. a) $x\sqrt[3]{x}$ **b)** $\frac{3}{4}$ **c)** $\frac{1}{\sqrt[10]{a^9}}$ **d)** 1 **e)** a **f)** $\sqrt[3]{x}+3\sqrt{x}$

152 **Radizieren von Wurzeln und Wurzeltermen**

33. a) $\sqrt[3]{2}$ **b)** $\sqrt{|a|}$ für $x = 2n,\ n \in \mathbb{N}^*:\ a \in \mathbb{R}$ $\sqrt{a}$ für $x = 2n+1,\ n \in \mathbb{N}:\ a \in \mathbb{R}^{\geq 0}$
c) $\sqrt{5x}$ **d)** $2\sqrt{2a}$ **e)** $\sqrt{x}$ **f)** $x^2\sqrt[4]{x}$
g) $4\sqrt{x}$ **h)** $\sqrt[ax]{b^3}$ **i)** $\sqrt[ax]{a^5}$

Vereinfachen von Wurzeltermen

34. a) $3 \cdot \sqrt{2}$ **b)** $2 \cdot \sqrt[3]{3}$ **c)** $5 \cdot \sqrt{10}$ **d)** $3 \cdot \sqrt[3]{4}$ **e)** $3 \cdot \sqrt{5}$

35. a) $\sqrt{18}$ **b)** $\sqrt{175}$ **c)** $\sqrt{24}$ **d)** $\sqrt{25 \cdot x}$ **e)** $\sqrt{u^2 \cdot v}$

Vermischte Aufgaben zur Wiederholung von 1.11

153 **36. a)** $3\sqrt{2}$ **b)** $\sqrt{3}$ **c)** $\sqrt{3}$ **d)** $3 - 2\sqrt{2}$ **e)** $\dfrac{5 - 2\sqrt{6}}{3}$ **f)** 2

37. a) $\dfrac{1}{1728}$ **b)** $\dfrac{x^2 y}{z^3}$ **c)** $\dfrac{27x}{8y}$ **d)** $6a^2\sqrt{a^2+9}$ **e)** $54a^2\sqrt{a^2+9}$ **f)** $\dfrac{4}{5}\sqrt{\dfrac{a+2b}{x-2y}}$

38. a) $\dfrac{1}{12}\sqrt{64x^2 - 81y^2}$ **b)** $8|a|b$ **c)** $5|x|$ **d)** $\dfrac{5b}{3a}$ **e)** $\sqrt[3]{\dfrac{x+y}{x-y}}$

39. a) $\dfrac{100}{63}\sqrt[6]{\dfrac{a}{b^2}}$ **b)** $|x| \cdot |y|^3$ **c)** $\dfrac{1}{3}$ **d)** $\dfrac{2}{3}$ **e)** $1\dfrac{1}{2}$

40. a) $\dfrac{2}{5}$ **b)** $\dfrac{1}{9}$ **c)** $\dfrac{2x^2}{5}$ **d)** $2\sqrt{6x}$ **e)** $20\sqrt{a}$

41. a) 222 **b)** $-3\dfrac{1}{4}$ **c)** $\dfrac{4}{5}x\sqrt[12]{x^5}$ **d)** $3x\sqrt[3]{x^n}$ **e)** $\sqrt[3]{3abc}(2ab + 3ac + 4bc - 4)$

42. a) $\left(|a| + \sqrt[x]{|b|^m}\right) \cdot \sqrt[x]{|ab|}$ **b)** $\dfrac{x}{y}\left(\sqrt[a]{\dfrac{x^4}{y^3}} + \sqrt[b]{\dfrac{x^5}{y^6}} - \sqrt[a]{\dfrac{x^7}{y^8}}\right)$
c) x **d)** $\dfrac{x+y}{z}$ **e)** $\dfrac{x}{|y|} - \dfrac{x^4}{y^4}$

43. a) $\sqrt[3]{x^2} - \sqrt[3]{y^2}$ **b)** $3\sqrt[x]{\dfrac{b}{c}}$ **c)** $2|c|$ **d)** $2|c+d|^{\frac{1}{x}}$ **e)** $\dfrac{1}{3}$

44. a) $|a| + |b|$ **b)** $-3\sqrt{x}$ **c)** $\sqrt[ab]{x^3}$ **d)** $\sqrt[xy]{a}$ **e)** a

45. a) $|a| + |b|$ **b)** $-3\sqrt{x}$ **c)** $\sqrt[ab]{x^3}$ **d)** $\sqrt[xy]{a}$ **e)** a

154 **46. a)** 1 **b)** Schreibfigur ohne mathematische Bedeutung **c)** $2\sqrt{x} + \sqrt[3]{x}$
d) $2a^3 + \dfrac{1}{\sqrt[3]{a}}$ **e)** $|v|\sqrt{2+\sqrt{2}}$ für $v \leq 0$ $v\sqrt{2-\sqrt{2}}$ für $v \geq 0$ $F = 9{,}184$

Übungen zu 1.12

1. $A = 5{,}98$ $G = 4{,}84$ $H = 3{,}68$ $Q = 6{,}78$ **2.** $A_g = 2{,}66$ **3.** $s = 0{,}46$ 162

4. a) $p = 1{,}9\,\%$ **b)** $A_g = 22{,}12$ €$/h$
c) das gewöhnliche arithmetische Mittel: $A = 430{,}4\ h$
der Median: $345\ h$ das vom Ausreißer bereinigte arithmetische Mittel: $A = 287{,}25\ h$
d) $H = 1{,}625$ €$/\text{l}$

Übungen zu 1.13

1. a) $3x^5 - 6{,}5x^4 + 5x^2 - 4$ **b)** $0{,}5x^4 - 3x^3 + 3{,}4x^2 - x + 3$ 170
c) $1{,}5x^4 - 6x^3 + 10x^2 - 2x$ **d)** $3x^5 - 6{,}75x^4 + 4x^2 - 4$
e) $-3{,}6x^3 + 2x^2 + 2x$ **f)** $3x^2 - 2x + 1$
g) $0{,}9x^2 - x + 3{,}5$ **h)** $3x^4 - 7x^3 + 3x - \frac{4}{x}$
i) $-1{,}8x^7 + 4{,}2x^6 + 9x^5 - 22{,}84x^4 + 11{,}4x^2 - 12$ **j)** $-4{,}8x^5 + 8{,}2x^4 + 8{,}4x^3 - 9x^2 + 3x + 4$
k) $-3{,}6x^8 + 8{,}4x^7 + 18x^6 - 45{,}6x^5 + 22{,}8x^3 - 24x$
l) $1{,}5x^5 - x^4 + 6{,}5x^3 - 4x^2 + 2x$ **m)** $0{,}25x^8 + 2x^6 + 4x^4$
n) $0{,}125x^{12} + 1{,}5x^{10} + 6x^8 + 8x^6$ **o)** $9x^6 - 12x^5 + 10x^4 - 4x^3 + x^2$

2. a) 14 **b)** 19 **c)** 1 **d)** 42 **e)** 13

3. a) $(x^2 - 2x + 1)$ **b)** $-2x^3 + 9x^2 - 27x + 77 + \frac{-222}{x+3}$ **c)** $-x + \frac{4x}{(x^2+1)}$
d) $-x - 4{,}5$ **e)** $\frac{3x^2 - 5}{x^3 + 1}$ **f)** $x^4 + 2x^3 + 4x^2 + 8x + 16$

4. a) $(x+2)\cdot(x+3)$ **b)** $(x-8)\cdot(x+4)$ **c)** $(x-2)\cdot(x-3)$
d) $-3\,(x-7)\cdot(x-13)$ **e)** $(1-x)(1+x)$ **f)** $3\,(x+0{,}5)\cdot(x+2{,}5)$
g) $5\,(x+2{,}5)\cdot(x+2{,}5)$ **h)** $-1(x+0)(x-1)(x-7)$
i) $4(x+0)(x+0)(x-0{,}5)(x+0{,}5)$ **j)** $3(x+0)(x+0)(x+1)(x+1)$

5. a) $(x-3)(x+2)(x+2)$ **b)** $-1(x+1)(x+4)(x+7)$ **c)** $-4(x-0{,}5)(x-8{,}5)(x-1)$ 171
d) $3\left(x+\frac{1}{3}\right)(x-1)(x+1)$ **e)** $-1(y-3)(y-3)(y+3)(y+3)$
f) $(a+0)(a-\sqrt{2})(a-\sqrt{2})(a+\sqrt{2})(a+\sqrt{2})$
g) $-2(z-2)(z+2)(z-7)(z+2)$ **h)** $x^4(x-\sqrt{7})^2(x+\sqrt{7})^2(x+1)$

6. a) $x\,(x+6)(-2x^2 - 23x - 72)$ **b)** $(1-2z)\cdot(3z^2 + 2z + 14)$
c) $(2a-3)(-3a^2 + 2a + 5)$ **d)** $(x+1)(2x^2 + x + 3)$
e) $(p-1)(2p^3 + p^2 + p + 1)$ **f)** $(2c+6)(-2c^3 - 6c^2 + 2c - 6)$
g) $(x-1)(x^2 - x - 1)$ **h)** $(x-2)(24x+1)$

7. a) $0{,}8 - 0{,}4x$ **b)** $\frac{a-3}{0{,}5a+1}$ **c)** $\frac{x^2 - 4x + 1}{x+2}$ **d)** $\frac{x-8}{(x-4)}$
e) $\frac{-y^3 + 2y^2 - 9}{y-6}$ **f)** $\frac{2x+2}{(x+2)^2}$

Übungen zu 1.14

176 **1. a)** 3 **b)** 4 **c)** 2 **d)** 0 **e)** 5 **f)** 3
g) 4 **h)** 1 **i)** 3 **j)** 2 **k)** 1 **l)** 0
m) −1 **n)** −2 **o)** −2 **p)** −2

2. a) 2 **b)** 2 **c)** 3 **d)** 2 **e)** 5 **f)** 1
g) 3 **h)** 1 **i)** −1

3. a) 2,48 **b)** 4,322 **c)** 3,814 **d)** 3,861 **e)** 3,315 **f)** 1,544

4. a) $x=64$ **b)** $x=243$ **c)** $x=128$ **d)** $x=\frac{1}{3}$ **e)** $x=1000$ **f)** $x=998$
g) $x=3$ **h)** $x=9$

2 Gleichungen

Übungen zu 2.3

215 **1. a)** $x=7$ **b)** $x=10$ **c)** $x=3$ **d)** $x=5\frac{1}{2}$ **e)** $x=13\frac{13}{15}$

2. a) $x=-2$ **b)** $x=-0{,}2$ **c)** $x=-8\frac{1}{2}$ **d)** $x=8$ **e)** $x=4$

3. a) $x=20$ **b)** $x=56$ **c)** $x=10$ **d)** $x=14{,}04$ **e)** $x=2$

4. a) $x=\frac{1}{10}$ **b)** $x=1\frac{11}{25}$ **c)** $x=3\frac{4}{15}$ **d)** $x=10$ **e)** $x=1{,}75$

5. a) $x=18$ **b)** $x=35$ **c)** $x=5$ **d)** $x=2{,}5$ **e)** $x=\frac{9}{10}$

6. a) $x=2$ **b)** $x=\frac{1}{4}$ **c)** $x=\frac{1}{7}$ **d)** $x=1$ **e)** $x=\frac{4}{9}$

7. a) $x=30\frac{2}{3}$ **b)** $x=2\frac{1}{3}$ **c)** $x=15$ **d)** $x=36$ **e)** $x=1$

8. a) $x=15\frac{3}{5}$ **b)** $x=3$ **c)** $x=11$ **d)** $x=6$ **e)** $x=\frac{1}{3}$

9. a) $x=3\frac{1}{5}$ **b)** $x=-2$ **c)** $x=\frac{2}{45}$ **d)** $x=3\frac{1}{5}$ **e)** $x=1{,}5$
f) $x=4$ **g)** $x=4$ **h)** $x=35$ **i)** $x=6$

10. a) $x = \frac{a}{2}$ **b)** $x = 6\frac{3}{4}c$ **c)** $x = \frac{3a - 5b}{2}$ 215

11. a) $x = \frac{4a}{3}$ **b)** $x = 4\frac{1}{2}b$ **c)** $x = 2a$

12. a) $x = \frac{1}{2}(4a - 5b)$ **b)** $x = 6\frac{3}{4}b$ **c)** $x = 12 - 11a$

13. a) $x = 10$ **b)** $x = a + \frac{1}{4}$ **c)** $c + 2d \neq 0; x = 3; c + 2d = 0; L = \mathbb{R}$ 216

d) $a + n \neq 0; x = 2b; a + n = 0; L = \mathbb{R}$ **e)** $a - b \neq 0; x = 3; a - b = 0; L = \mathbb{R}$

f) $m + n \neq 0; x = 2; m + n = 0; L = \mathbb{R}$ **g)** $b - a \neq 0; x = p; b - a = 0; L = \mathbb{R}$

h) $2m - n \neq 0; x = 2; 2m - n = 0; L = \mathbb{R}$ **i)** $c + d \neq 0; x = 1; c + d = 0; L = \mathbb{R}$

14. a) $c - 17n \neq 0; x = 5d; c - 17n = 0; L = \mathbb{R}$

b) $3b - 2a \neq 0; x = \frac{ab}{3b - 2a}; 3b - 2a = 0;$ Für $ab \neq 0$ ist $L = \{\,\}$, für $ab = 0$ ist $L = \mathbb{R}$

c) $5a - 2b \neq 0; x = 3c; 5a - 2b = 0; L = \mathbb{R}$

d) $3s - 1 \neq 0; x = \frac{3(3s - r)}{3s - 1}; 3s - 1 = 0;$ Für $3s - r \neq 0$ ist $L = \{\,\}$, für $3s - r = 0$ ist $L = \mathbb{R}$

e) $7a + 3b \neq 0; x = 13n; 7a + 3b = 0; L = \mathbb{R}$ **f)** $b + 2 \neq 0; x = 2; b + 2 = 0; L = \mathbb{R}$

g) $3b + 5 \neq 0; x = 3; 3b + 5 = 0; L = \mathbb{R}$ **h)** $3b - 2c \neq 0; x = 4a; 3b - 2c = 0; L = \mathbb{R}$

i) $2r - 3s \neq 0; x = m; 2r - 3s = 0; L = \mathbb{R}$

15. a) $d = \frac{u}{\pi}$ **b)** $b = \frac{A}{a}$ **c)** $d = \frac{M}{h \cdot \pi}; h = \frac{M}{d \cdot \pi}$ **d)** $A = \frac{3 \cdot V}{h}; h = \frac{3 \cdot V}{A}$

16. a) $n_2 = \frac{n_1 d_1}{d_2}; \; d_2 = \frac{n_1 d_1}{n_2}; \; n_1 = \frac{n_2 d_2}{d_1}; \; d_1 = \frac{n_2 d_2}{n_1}$

b) $F = \frac{Q \cdot b}{a}; \; Q = \frac{F \cdot a}{b}; \; a = \frac{Q \cdot b}{F}; \; b = \frac{F \cdot a}{Q}$ **c)** $d = \frac{2M}{\pi \cdot s}; \; s = \frac{2M}{\pi \cdot d}$

17. a) $p = \frac{100 \cdot Z}{K \cdot J}; \; K = \frac{100 \cdot Z}{p \cdot J}$ **b)** $\frac{2A}{a_1 + a_2} = b; \; \frac{2A - a_2 b}{b} = a_1; \; \frac{2A - a_1 b}{b} = a_2$

c) $h = \frac{2V}{A_1 + A_2}; \; A_1 = \frac{2V}{h} - A_2$

18. a) $\frac{2M}{(D + d) \cdot \pi} = s; \; \frac{2M - d \cdot \pi \cdot s}{\pi \cdot s} = D; \; \frac{2M - D \cdot \pi \cdot s}{\pi \cdot s} = d$

b) $\frac{P \cdot 1000}{1{,}73 \cdot 0{,}7 \cdot I} = U; \; \frac{P \cdot 1000}{1{,}73 \cdot 0{,}7 \cdot U} = I$ **c)** $\frac{Pe \cdot 60 \cdot 75}{2\pi \cdot l \cdot n} = Q; \; \frac{Pe \cdot 60 \cdot 75}{2\pi \cdot Q \cdot n} = l; \; \frac{Pe \cdot 60 \cdot 75}{2\pi \cdot Q \cdot l} = n$

Lineare Gleichungen mit Klammern ohne und mit Formvariablen

19. a) $x = -6$ **b)** $x = -6$ **c)** $x = 2$ **d)** $x = 10{,}5$

20. a) $x = 50$ **b)** $x = 10$ **c)** $x = 6$ **d)** $x = 1$

21. a) $x = 8\frac{1}{17}$ **b)** $x = 4\frac{1}{5}$ **c)** $x = -a$ **d)** $x = 4$ **e)** $x = \frac{44}{49}$ 217

f) $x = -0{,}02$ **g)** $x = 2$ **h)** $x = 21$ **i)** $x = 5$

217 **22. a)** $x = 10$ **b)** $x = 2$ **c)** $x = 1{,}5$ **d)** $x = \frac{2}{3}$

e) $x = -0{,}02$ **f)** $x = 3$ **g)** $x = 1$ **h)** $x = \frac{99}{323}$

Lineare Gleichungen mit Produkttermen ohne und mit Formvariablen

23. a) $x = 4$ **b)** $x = 4\frac{1}{3}$ **c)** $x = 29$ **d)** $x = -4$ **e)** $x = 3$

24. a) $x = 7$ **b)** $x = 10$ **c)** $x = -44\frac{6}{7}$ **d)** $x = -8$ **e)** $x = 2$

25. a) $x = 40$ **b)** $x = 6$ **c)** $x = 8$ **d)** $x = 40$
e) $x = 9$ **f)** $x = 2$ **g)** $x = -3$

218 **26. a)** $x = 1\frac{2}{3}$ **b)** $x = 7$ **c)** $x = \frac{8 - 2b}{9}$ **d)** $x = 2c$

e) $x = \frac{2a - 5}{65}$ **f)** $x = 3 - a$ **g)** $x = c + 15$

Lineare Gleichungen mit Brüchen und Bruchtermen

27. a) $x = 20$ **b)** $x = 8$ **c)** $x = 10$ **d)** $x = 180$
e) $x = 15$ **f)** $x = 3$ **g)** $x = 100$

28. a) $x = 36$ **b)** $x = 0$ **c)** $x = \frac{1}{2}$ **d)** $x = 1{,}2$

e) $x = 3$ **f)** $x = 5{,}5$ **g)** $x = 28$

29. a) $x = 2$ **b)** $x = 3\frac{5}{8}$ **c)** $x = 2$ **d)** $x = 0{,}6$

e) $x = -6\frac{1}{2}$ **f)** $x = -1$ **g)** $x = 5$

30. a) $x = 2$ **b)** $x = 4$ **c)** $x = \frac{16}{27}$ **d)** $x = 10$

e) $x = 3$ **f)** $x = -2$ **g)** $x = 3\frac{5}{8}$

219 **31. a)** $x = b(c - a)$ **b)** $x = b(a - c)$ **c)** $x = c(m - a)$

d) **1. Fall:** $\boldsymbol{m + n \neq 0;\ ab \neq 0}$**:** $x = \frac{1}{ab}$ **2. Fall:** $\boldsymbol{m + n \neq 0;\ ab = 0}$**:** $L = \{\ \}$

3. Fall: $\boldsymbol{m + n = 0}$**:** $L = \mathbb{R}$

e) **1. Fall:** $\boldsymbol{m - d \neq 0}$**:** $x = \frac{c}{a}$ **2. Fall:** $\boldsymbol{m - d = 0}$**:** $L = \mathbb{R}$

32. a) **1. Fall:** $\boldsymbol{c - d \neq 0}$**:** $x = ab$ **2. Fall:** $\boldsymbol{c - d = 0}$**:** $L = \mathbb{R}$

b) **1. Fall:** $\boldsymbol{2a - b \neq 0}$**:** $x = \frac{c}{d}$ **2. Fall:** $\boldsymbol{2a - b = 0}$**:** $L = \mathbb{R}$

c) **1. Fall:** $\boldsymbol{a + b \neq 0}$**:** $x = 2$ **2. Fall:** $\boldsymbol{a + b = 0}$**:** $L = \mathbb{R}$
d) **1. Fall:** $\boldsymbol{2a + c \neq 0}$**:** $x = c$ **2. Fall:** $\boldsymbol{2a + c = 0}$**:** $L = \mathbb{R}$
e) **1. Fall:** $\boldsymbol{c + d \neq 0}$**:** $x = cd$ **2. Fall:** $\boldsymbol{c + d = 0}$**:** $L = \mathbb{R}$

Das Lösen von Bruchgleichungen

219

33. a) $D=\mathbb{R}^*;\ 1=x$ **b)** $D=\mathbb{R}^*;\ 1=x$ **c)** $D=\mathbb{R}^*;\ x=\frac{1}{3}$

d) $D=\mathbb{R}^*;\ \frac{2}{11}=x$ **e)** $D=\mathbb{R}^*;\ x=-16$ **f)** $D=\mathbb{R}^*;\ \frac{1}{3}=x$

34. a) $D=\mathbb{R}\setminus\{-2;\ 3\};\ x=4$ **b)** $D=\mathbb{R}\setminus\{-1;\ 1\};\ x=5$

c) $D=\mathbb{R}\setminus\{-1\}$; **1. Fall:** $\boldsymbol{b-a\neq 0}$**:** $x=1$ **2. Fall:** $\boldsymbol{b-a=0}$**:** $L=D$

d) $D=\mathbb{R}\setminus\{3\};\ x=12$ **e)** $D=\mathbb{R}\setminus\{8\};\ 11=x$ **f)** $D=\mathbb{R}\setminus\{-1\};\ 2=x$

35. a) $D=\mathbb{R}^*;\ 1{,}5=x$ **b)** $D=\mathbb{R}^*;\ x=1$ **c)** $D=\mathbb{R}\setminus\{3\};\ 5=x$

d) $D=\mathbb{R}^*\setminus\{1\};\ x=2$ **e)** $D=\mathbb{R}\setminus\{25\};\ x=10$ **f)** $D=\mathbb{R}\setminus\{-1;\ -4\};\ 1=x$

36. a) $D=\mathbb{R}\setminus\{-3\};\ x=5$ **b)** $D=\mathbb{R}\setminus\{2;-2\};\ x=5$ **c)** $D=\mathbb{R}\setminus\{2;-2\};\ x=3$

d) $D=\mathbb{R}\setminus\left\{\frac{3}{2};\ \frac{2}{5}\right\};\ 7=x$ **e)** $D=\mathbb{R}^*$; **1. Fall:** $\boldsymbol{a\neq 0}$**:** $x=\frac{a+b}{2}$ **2. Fall:** $\boldsymbol{a=0}$**:** $L=D$

f) $D=\mathbb{R}\setminus\{-b;\ -2b\};\ 2b=x$

220

37. a) $D=\mathbb{R}^*$; **1. Fall:** $\boldsymbol{n\neq 0}$**:** $x=\frac{a}{b}$ **2. Fall:** $\boldsymbol{n=0}$**:** $L=D$

b) $D=\mathbb{R}\setminus\left\{-\frac{3}{13}\right\};\ x=3$ **c)** $D=\mathbb{R}\setminus\left\{-\frac{5}{3}\right\};\ x=9$ **d)** $D=\mathbb{R}^*;\ x=120$

38. a) $D=\mathbb{R}\setminus\left\{-\frac{1}{5}\right\};\ x=-\frac{5}{7}$ **b)** $D=\mathbb{R}^*;\ a\neq 0;\ x=2a$

c) $D=\mathbb{R}\setminus\left\{\frac{1}{4}\right\};\ 9=x$ **d)** $D=\mathbb{R}\setminus\{1\};\ x=-6{,}5$

39. a) $D=\mathbb{R}\setminus\{1;-1\};\ 4=x$ **b)** $D=\mathbb{R}\setminus\{2;-2\};\ 1=x$

c) $D=\mathbb{R}\setminus\{1;-1\};\ x=4$ **d)** $D=\mathbb{R}\setminus\{-2;-3\};\ x=1$

40. a) $D=\mathbb{R}^*\setminus\{a;\ n\};\ x=a+n$ **b)** $D=\mathbb{R}^*;\ x=\frac{n+2m}{5}$ **c)** $D=\mathbb{R};\ x=2a(a-b)$

d) $D=\mathbb{R}$; **1. Fall:** $a+b\neq 0$ und $c\neq 0$: $x=\frac{d}{c}$ **2. Fall:** $a+b=0$: $L=R$

3. Fall: $c=0,\ d(a+b)\neq 0$: $L=\{\ \}$

e) $D=\mathbb{R}^*;\ x=\frac{a(a-c)-b(a+c)}{2(b-a)}$ **f)** $D=\mathbb{R}\setminus\{-c\}$; **1. Fall:** $b+c\neq 0$: $x=b+c$

2. Fall: $b+c=0$: $L=D$

41. a) 1. Fall: $d\neq 0$: $x=-\frac{a+c}{2}$ **2. Fall:** $d=0$: $L=D$

b) 1. Fall: $b-2c\neq 0$: $x=\frac{4c(c-b)}{b-2c}$ **2. Fall:** $b-2c=0$: $L=\{\ \};\ L=D$

c) 1. Fall: $x=1$ **2. Fall:** $L=D$ **d)** $D=\mathbb{R}$ **1. Fall:** $b\neq 0$: $x=\frac{12b}{11c}$ **2. Fall:** $b=0$: $L=D$

e) $D=\mathbb{R}^*\setminus\{-2a\};\ 4a=x$

220 **42. a)** **1. Fall:** $b+c \neq 0$: $x=b+c$ **2. Fall:** $b+c=0$: $L=D$
b) **1. Fall:** $18b+7c \neq 0$: $x=c$ **2. Fall:** $18b+7c=0$: $L=D$
c) **1. Fall:** $2bc-b^2-3c^2 \neq 0$: $x=4b-5c$ **2. Fall:** $2bc-b^2-3c^2=0$: $L=D$
d) **1. Fall:** $a-9b \neq 0$: $x=3$ **2. Fall:** $a-9b=0$: $L=D$
e) **1. Fall:** $a \neq 0$: $-4a=x$ **2. Fall:** $a=0$: $L=D$
f) **1. Fall:** $b \neq 0$: $x=27a-3b$ **2. Fall:** $b=0$: $L=D$
g) **1. Fall:** $d-c \neq 0$: $x=d-c$ **2. Fall:** $d-c=0$: $L=D$

Übungen zu 2.3.4

221 **43. a)** $D(G)=\mathbb{R}^{\geq 0}$; $L=\{1\}$ **b)** $D(G)=\mathbb{R}^{\geq 0}$; $L=\{16\}$ **c)** $D(G)=\mathbb{R}^{\geq \frac{6}{7}}$; $L=\{10\}$

44. a) $D(G)=\mathbb{R}^{\geq \frac{8}{5}}$; $L=\{7\}$ **b)** $D(G)=\mathbb{R}^{\geq -\frac{1}{9}}$; $L=\left\{\frac{44}{441}\right\}$ **c)** $D(G)=\mathbb{R}^{\geq 4}$; $L=\{\ \}$

45. a) $D(G)=\mathbb{R}^{\geq 0}$; $L=\{5\}$ **b)** $D(G)=\mathbb{R}^{\geq -5}$; $L=\{-1\}$

Übungen zu 2.3.5

46. a) **1. Fall:** $x=15$ **2. Fall:** $x=-15$ **b)** **1. Fall:** $x=m^2$ **2. Fall:** $x=-m^2$
c) **1. Fall:** $x=60$ **2. Fall:** $x=-84$ **d)** **1. Fall:** $x=-60$ **2. Fall:** $x=84$

47. a) **1. Fall:** $x=5$ **2. Fall:** $x=-5$ **b)** **1. Fall:** $x=48$ **2. Fall:** $x=0$
c) **1. Fall:** $x=b+c-a$ **2. Fall:** $x=-(a+b+c)$ **d)** **1. Fall:** $x=\frac{m-4}{2}$ **2. Fall:** $x=-\frac{m+4}{2}$

Übungen zu 2.3.6

48. $x=13{,}7$ **49.** $x=9$ **50.** $x=1\frac{11}{12}$ **51.** $x=46$ **52.** $x=-1{,}6$

53. $x=78{,}2$ m **54.** $x=150{,}46$ km **55.** $x=11$ **56.** $x=31$ **57.** $x=6$

58. $x=32{,}5$ **59.** $x=960$ kg **60.** $x=42$ **61.** $x=35$ **62.** $x=27$ m

63. $x=256$ **64.** $x=60$ **65.** $x=147$ **66.** $x=35$ **67.** $x=\frac{2}{3}$

68. $9{,}4=x$ **69.** $39=x$

223 **70. a)** $x=58°$ **b)** $x=70°$ **c)** $x=4{,}06$ cm **d)** $x=112°$
e) $x\approx 2{,}185$ dm **f)** $x\approx 13{,}73$ cm **g)** $x=84{,}82$ m **h)** $x=197$ m
i) $x\approx 38{,}47$ cm

71. a) $x\approx 730$ **b)** $x\approx 46{,}63$ **c)** $x\approx 1107{,}83$ N **d)** $x=900$ N
e) $x=70$ mm **f)** $x=9750$ N

72. $x = 192$ € **73.** $x = 48$ m **74.** Nägel 5 €; Schrauben 12,50 € 224

75. $t = 21$ min **76.** $x = 3$ m **77.** $t = 1{,}7$ h **78.** $t = 1{,}6$ h **79.** $x = 11$ cm

80. Kartoffeln: 1,80 €; Bohnen: 9,00 €; Äpfel: 6,30 €

81. $t = 48$ h; 1680 km **82.** $t = 50$ min; 15 km

83. $x = 26$ €; 1000 € **84.** $x = \frac{11}{3}$ **85.** $x = 3$ **86.** $-10 = x$ **87.** $x = 6$ cm 225

88. $x = 3$ cm **89.** $c = 7$ cm **90.** $a = 75$ cm; $b = 87{,}5$ cm **91.** $x = 2{,}24$ m

92. $x = 3$ Jahre **93.** $t = 2$ h **94.** $x = 9$ **95.** $x = 8$ **96.** $x = 15$

97. $x = 152$ **98.** $x = 6$ m

99. 4 Tage und 14 h **100.** Grundseite ist 10 cm, die Schenkel sind 15 cm **101.** 0,30 m $= x$ 226

102. 21 Tage **103.** $x = 2$ **104.** $x = 3$ **105.** $x = 7$ **106.** $x = 16$

107. $x = 7$ **108.** $x = 4$; $x - 1 = 3$ **109.** $x = 5$ **110.** 5 %; 4,25 % 227

111. 750 € **112.** 12 500 € **113.** 6 %; 5 % **114.** 24 min

115. 1250 € **116.** 5 % **117.** 5,5 % **118.** 0,10 €; 3,75 €

119. 1000 km **120.** 6,43 l **121.** $8{,}47\ \frac{\text{kg}}{\text{dm}^3}$ **122.** $7{,}1\ \frac{\text{kg}}{\text{dm}^3}$ 228

123. $x \approx 152{,}9$ g **124.** 11,45 g **125.** 57,6 %ig **126.** 53,32 %ig

127. 0,851 dm^3 von der 80 %igen; 3,648 dm^3 von der 43 %igen Schwefelsäure

128. 11,41 l **129.** $x \approx 8{,}4\ \frac{\text{kg}}{\text{dm}^3}$ **130.** 6 h **131.** 5 Tage

132. $x \approx 53{,}85$ min **133.** 6 Tage **134.** 18,73 h **135.** 12 Tage 229

a) Physik

1. 10 N **2.** 500 N **3.** 130,77 N **4.** 328,571 m^3

5. 4597,6 l **6.** 1280 N **7.** 44,145 m

8. 78,48 m; $39{,}24\ \frac{\text{m}}{\text{s}}$ **9.** $4{,}2183\ \frac{\text{N}}{\text{cm}^2}$ **10.** 6,860 km **11.** 8,74 mm 230

12. 310,3 K **13.** 5,669 kg

b) Maschinenbau

230 **14.** 432 m **15.** $9{,}6\ \frac{\text{m}}{\text{s}}$ **16.** 4,17 min **17. a)** $8{,}49\ \frac{1}{\text{min}}$ **b)** 10,21 min

18. a) $152{,}8\ \frac{1}{\text{min}}$ **b)** 2,67 min **19.** $33{,}929\ \frac{\text{dm}^3}{\text{s}}$

231 **20.** $325{,}728\ \frac{\text{dm}^3}{\text{min}}$ **21.** 2,604 kW **22.** 8 kW **23.** 57,6 kW **24.** 76,3 cm

25. 452,12 mm **26.** 20 cm **27.** 167,5 N **28.** $716\ \frac{1}{\text{min}}$ **29.** 136,41 mm

30. a) $50\ \frac{\text{N}}{\text{mm}^2}$ **b)** 70 mm

232 **31.** 45 mm **32.** 48,35 kW **33.** 1809,6 N **34.** 20 mm

35. a) 132,6 dm^3 **b)** 121,992 kg

c) Bauwesen

36. 15,182 kW **37.** $\varrho = 0{,}872\ \frac{\text{t}}{\text{m}^3}$ **38.** 814 l **39.** 1265 Steine **40.** 727 l

41. 338 Mauerziegel; 234 l Mörtel **42.** 5000 Steine; 2,875 m^3 Mörtel

43. 4700 Steine; 2,703 m^3 Mörtel **44.** 34,872 kN **45.** 140,21 mm

233 **46.** 124 mm **47.** 482 N **48.** 1072 cm^2

49. 833,33 m bei Ziegelmauer; Klinkermauer bei 1315,79 m

50. 39,913 kN

d) Elektrotechnik

51. $U = 180$ V **52.** $R = 57{,}5\ \Omega$ **53.** $R = 511\ \Omega$ **54.** $I = 5{,}75$ A

55. $P = 1{,}3$ kW **56.** $E = 1$ kWh **57.** $x = 85{,}80$ €

58. a) $x = 3$ Cent **b)** 55 %

234 **59.** $G = 307{,}2$ kWh **60.** bei Reihenschaltung 115 Ω, bei Parallelschaltung 10,5 Ω

61. $R = 0{,}125\ \Omega$ **62.** $I = 14{,}4$ mA **63.** 2,26 mm **64.** $m = 2{,}655$ kg

65. $U = 6$ V **66.** $x = 220$ m

67. a) 0,582 kW **b)** 0,1164 kWh **c)** 0,03 €

Übungen zu 2.4

1. $x=6; y=4$ **2.** $x=86; y=21$ **3.** $x=7; y=5$ **4.** $y=3; x=13$ **5.** $x=2; y=12$ 256

6. $x=10; y=9$ **7.** $y=-2; x=-4$ **8.** $x=-3; y=4$ **9.** $x=5; y=2$ **10.** $x=-9; y=-6$

11. $x=-3; y=-4$ **12.** $y=5; x=8$ **13.** $y=3{,}4; y=6{,}8$ **14.** $x=3; y=4$ 256

15. $y=5; x=13$ **16.** $y=3; x=5$ **17.** $x=17{,}5; y=5{,}3125$

18. $x=13; y=12$ **19.** $y=4; x=7$ **20.** $x=9; y=14$ **21.** $y=6; x=12$

22. $y=\frac{a^2+n^2}{a+n}; x=\frac{a^2+n^2}{a+n}$ **23.** $x=1\frac{3}{16}; y=\frac{1}{8}$ **24.** $y=n$ **25.** $x=2; y=5$

26. $y=3; x=5$ **27.** $x=5; y=7$ **28.** $y=1; x=3$ **29.** $y\approx 0{,}59; x\approx 1{,}50$

30. $x=8; y=9$ **31.** $x=13; y=-5$ **32.** $x=\frac{r+s}{2}; y=\frac{r-s}{2}$

33. $x=3p+3q; y=2p-2q$ **34.** $x=p(p-q); y=q(p-q)$

35. $x=-4; y=-6$ **36.** $x=1; y=2$ **37.** $y=3; x=-1$ **38.** $y=1; x=4$ 257

39. $x=1; y=-1$ **40.** $y=\frac{5}{19}\approx 0{,}26; x=1\frac{11}{19}\approx 1{,}58$

41. unendlich vielen Lösungen $\left(x\,\middle|\,\frac{-15x+190}{32}\right)$ mit $x\in\mathbb{R}$

42. keine Lösungen **43.** keine Lösungen

44. unendlich vielen Lösungen $\left(x\,\middle|\,\frac{-3{,}75x+13{,}5}{4{,}5}\right)$ mit $x\in\mathbb{R}$

45. $x=84; y=60$ **46.** $x=40; y=48$ **47.** $x=3; y=5$ **48.** $y=9; x=7$

49. $y=4; x=8$ **50.** $y=3; x=9$ **51.** $x=4; y=3$ **52.** $x=1; y=1$

53. $p=0, q\neq 0$: $y=-q, x=q$; $q=0, p\neq 0$: $x=p, y=p$; $p\neq 0, q\neq 0$: $y=p-q, x=p+q$

54. $a=0, b\neq 0$: $y=-b, x=b$; $b=0, a\neq 0$: $x=a, y=a$; $a\neq 0, b\neq 0$: $y=a-b, x=a+b$

55. $y=6; x=4$ **56.** $x=2; z=9; y=5$ **57.** $x=13; z=17; y=15$

58. $z=1; y=4; x=5$ **59.** $z=8; y=7; x=5$ **60.** $z=2; x=12; y=8$

61. $(z-4\,|\,19-2z\,|\,z)$; $z\in\mathbb{R}$ **62.** $y=6; z=5; x=8$ **63.** $x=3; y=5; z=9; n=13$

Textaufgaben, die auf Systeme von linearen Gleichungen führen

257 **1.** $y = 13; x = 40$ **2.** $x = 15; y = 25$

258 **3.** ursprüngliche Zahl 84; neue Zahl 48 **4.** erste Geselle 10 Schrauben; zweite Geselle 4 Schrauben

5. erste Kapital 10,5%; zweite Kapital 9,5% **6.** erste Rohr 16 $\frac{\text{l}}{\text{min}}$; zweite Rohr 20 $\frac{\text{l}}{\text{min}}$

258 **7.** 1,5 l der Dichte 1,15 $\frac{\text{kg}}{\text{dm}^3}$; 1 l der Dichte 1,2 $\frac{\text{kg}}{\text{dm}^3}$ **8.** 49,694 kg Kupfer; 10,306 kg Zinn

9. A wöchentlich insgesamt 625 €, B 755 €

10. Motorboot 12,872 $\frac{\text{km}}{\text{h}}$; Geschwindigkeit der Strömung 3,218 $\frac{\text{km}}{\text{h}}$

11. Geschwindigkeit des Flugzeugs 225,26 $\frac{\text{km}}{\text{h}}$, die des Windes 64,36 $\frac{\text{km}}{\text{h}}$

12. Meister 64 Jahre; Geselle 23 Jahre; Auszubildende 16 Jahre

13. 1171 g Kupfer; 329 g Zinn **14.** 1. Schuldschein: 1200 €; 2. Schuldschein: 1600 €

259 **15.** Durchmesser 2 m; 1 m **16.** 52,5 cm

17. Dampfer 19,908 $\frac{\text{km}}{\text{h}}$; Wasser 0,961 $\frac{\text{km}}{\text{h}}$ **18.** $F_1 = 8{,}89\,\text{kN}; F_2 = 13{,}335\,\text{kN}; F_3 = 31{,}115\,\text{kN}$

Übungen zu 2.5

269 **1. a)** $L = \{x \in \mathbb{R} \mid x < 3\}$ **b)** $L = \{x \in \mathbb{R} \mid x \geq 2\}$ **c)** $L = \{x \in \mathbb{R} \mid x < 5\}$

2. a) $L = \{x \in \mathbb{R} \mid x \geq 4\}$ **b)** $L = \{x \in \mathbb{R} \mid x < -1\}$ **c)** $L = \{x \in \mathbb{R} \mid x > -2\}$

3. a) $L = \{x \in \mathbb{R} \mid x < 6\}$ **b)** $L = \{x \in \mathbb{R} \mid x > 2\}$ **c)** $L = \left\{x \in \mathbb{R} \,\middle|\, x > 6\frac{6}{19}\right\}$

4. a) $L = \{x \in \mathbb{R} \mid x \leq 4\}$ **b)** $L = \{x \in \mathbb{R} \mid x < 12\}$ **c)** $L = \left\{x \in \mathbb{R} \,\middle|\, x < -1\frac{8}{13}\right\}$

5. a) $L = \left\{x \in \mathbb{R}^+ \,\middle|\, 0 < x < 3\frac{3}{7}\right\}$ **b)** $L = \{0; 1; 2; 3\}$ **c)** $L = \{x \in \mathbb{R} \mid -1 < x < 0\}$

6. a) $L = \{x \in \mathbb{R} \mid -3 < x < 3\}$ **b)** $L = \{x \in \mathbb{R} \mid x < -3 \text{ oder } x > 1\}$
c) $L = \{x \in \mathbb{R} \mid x < -5 \text{ oder } x > 15\}$

7. a) $L = \{x \in \mathbb{R} \mid -1 < x < 3\}$ **b)** $L = \{x \in \mathbb{R} \mid -18 < x < 14\}$ **c)** $L = \{x \in \mathbb{R}^{\geq 0} \mid 0 \leq x < 36\}$

8. a) $L = \{x \in \mathbb{R} \mid x < 2\}$ **b)** $L = \{x \in \mathbb{R} \mid x < 2\}$ **c)** $L = \left\{x \in \mathbb{R} \,\middle|\, x < \frac{2}{5}\right\}$

9. a) $L=\{x\in\mathbb{R}\,|\,x>-4\}$ **b)** $L=\{x\in\mathbb{R}\,|\,x>-10\}$ **c)** $L=\{x\in\mathbb{R}\,|\,x>2\}$ 269

10. a) $L=\{x\in\mathbb{R}\,|\,x>0\}$ **b)** $L=\{x\in\mathbb{R}\,|\,x<-5\}$ **c)** $L=\left\{x\in\mathbb{R}\,\middle|\,x<-4\frac{1}{2}\right\}$

11. a) $L=\left\{x\in\mathbb{R}\,\middle|\,x<1 \text{ oder } x>1\frac{1}{3}\right\}$ **b)** $L=\{x\in\mathbb{R}\,|\,x\leq -1 \text{ oder } x>1\}$ **c)** $L=L_2$

12. a) $L_1=\left\{x\in\mathbb{R}\,\middle|\,x>-\frac{3}{2}\right\}; L=\left\{x\in\mathbb{R}\,\middle|\,x>-\frac{3}{2}\right\}$ **b)** $L=L_2$

13. a) $L=\left\{x\in\mathbb{R}\,\middle|\,x<-4\frac{1}{2} \text{ oder } x>0\right\}$ **b)** $L=\{x\in\mathbb{R}\,|\,x<-10 \text{ oder } x>4\}$

14. a) $L=\{x\in\mathbb{R}\,|\,x<0 \text{ oder } x>2\}$ **b)** $L=\{x\in\mathbb{R}\,|\,x<1 \text{ oder } x>1\}$
c) $L=\left\{x\in\mathbb{R}\,\middle|\,x<-18\frac{1}{2} \text{ oder } x>17\frac{1}{2}\right\}$

15. a) $L=\{x\in\mathbb{R}^{\geq 0}\,|\,x>16\}$ **b)** $L=\left\{x\in\mathbb{R}^{\geq -\frac{2}{3}}\,\middle|\,x>20\frac{2}{3}\right\}$ **c)** $L=\mathbb{R}^{\geq 2}$

16. mehr als 250 km am Tag **17.** wahr; $\frac{a+b+c}{2}>c$ 270

18. Nach etwas mehr als 4 Jahren und 2 Monaten **19.** 17,84 mm $<d$

3 Quadratische Gleichungen

Übungen zu 3.1

1. a) $x_1=6; x_2=1$ **b)** $x_1=4{,}236068; x_2=-0{,}236068$ **c)** $x_1=11; x_2=3$ 291
d) $x_1=20; x_2=-3$ **e)** $x_1=1{,}6904158; x_2=-7{,}6904158$ **f)** $x_{1,2}=4$
g) $x_1=5; x_2=-2$ **h)** $x_1=7; x_2=-8$ **i)** $x_1=7; x_2=2$
j) $x_1=7; x_2=-1$ **k)** $x_1=-3; x_2=-7$ **l)** $x_1=8; x_2=\frac{1}{3}$
m) $x_1=6; x_2=-\frac{1}{2}$ **n)** $x_1=2; x_2=0{,}2$ **o)** $x_1=6; x_2=5$
p) $x_1=-\frac{4}{7}; x_2=-11$ **q)** $x_1=6; x_2=-7\frac{1}{3}$ **r)** $x_1=9; x_2=8\frac{1}{3}$
s) $x_1=1{,}82; x_2=-1{,}9$ **t)** $x_1=3{,}7655644; x_2=-0{,}2655644$ **u)** $x_1=5; x_2=-2$
v) $x_1=3; x_2=-1$ **w)** $x_1=-1; x_2=-1{,}5$ **x)** $x_1=\frac{2}{3}; x_2=-\frac{1}{3}$
y) $x_1=1; x_2=0{,}7$

291 **2. a)** $x \in \mathbb{R}^*; x_1 = 1; x_2 = -1$ **b)** $x \in \mathbb{R}\backslash\{-1\}; x_1 = 4; x_2 = -1\frac{3}{4}$ **c)** $x \in \mathbb{R}; x_1 = 5; x_2 = -3{,}5$
d) $x \in \mathbb{R}; x_1 = 0; x_2 = 64$ **e)** $x \in \mathbb{R}^*; x_1 = 1; x_2 = -2$ **f)** $x \in \mathbb{R}^*; x_1 = 7; x_2 = 4$
g) $x \in \mathbb{R}^*; x_1 = 3; x_2 = -1{,}4$ **h)** $x \in \mathbb{R}\backslash\{-2\}; x_1 = 6; x_2 = -1$
i) $x \in \mathbb{R}\backslash\{1; -1\}; x_1 = \sqrt{5}; x_2 = -\sqrt{5}$ **j)** $x \in \mathbb{R}; x_1 = 3; x_2 = 2$
k) $x \in \mathbb{R}\backslash\{3\}; x_1 = 7; x_2 = -1$ **l)** $x \in \mathbb{R}\backslash\left\{\frac{13}{3}; \frac{3}{13}\right\}; x_{1,2} = \pm 1$
m) $x \in \mathbb{R}\backslash\left\{\frac{9}{8}; \frac{8}{9}\right\}; x_{1,2} = \pm 1$ **n)** $x \in \mathbb{R}\backslash\{0{,}5\}; x_1 = 2\frac{1}{2}; x_2 = -\frac{1}{22}$ **o)** $x \in \mathbb{R}; x_1 = 10; x_2 = 1$
p) $x \in \mathbb{R}; x_1 = 5; x_2 = \frac{3}{7}$ **q)** $x \in \mathbb{R}\backslash\{6\}; x_1 = 12; x_2 = 1$
r) $x \in \mathbb{R}\backslash\{1; 2; 3; 4\}; x_1 = 5; x_2 = 2{,}5$ **s)** $x \in \mathbb{R}\backslash\{2; 3\}; x_1 = 5; x_2 = 4$
t) $x \in \mathbb{R}\backslash\{4; 25\}$; $x_1 =$ Lösung; $x_2 =$ keine Lösung **u)** $x \in \mathbb{R}\backslash\left\{\frac{7}{4}; -\frac{7}{4}\right\}; x_1 = 4\frac{1}{4}; x_2 = 2$
v) $x \in \mathbb{R}\backslash\left\{-\frac{1}{3}; \frac{1}{3}\right\}; x_1 = 3; x_2 = \frac{1}{33}$

3. a) $D < 0$; keine Lösung **b)** $D = 0; x_1 = -3; x_2 = -3$ **c)** $D > 0; x_1 = 20; x_2 = -4$
d) $D = 0; x_1 = 2{,}5; x_2 = 2{,}5$ **e)** $D < 0$; keine Lösung **f)** $D > 0; x_1 = 2{,}5; x_2 = -2{,}7$
g) $D > 0; x_1 = -2; x_2 = -5$ **h)** $D = 0; x_1 = -0{,}8; x_2 = -0{,}8$ **i)** $D > 0; x_1 = 1{,}5; x_2 = -0{,}5$
j) $D > 0; x_1 = 1; x_2 = -1{,}25$ **k)** $D > 0; x_1 = 1\frac{7}{15}; x_2 = -1$

Übungen zu 3.2

292 **4. a)** $L = \{72; -72\}$ **b)** $L = \left\{\frac{9}{13}; -\frac{9}{13}\right\}$ **c)** $L = \{72{,}89; -72{,}89\}$
d) $L = \{48; -48\}$ **e)** $x \in \mathbb{R}^*; L = \{5; -5\}$ **f)** $L = \{1; -1\}$
g) $x \in \mathbb{R}^*; L = \{15; -15\}$ **h)** $x \in \mathbb{R}^*; L = \{15; -15\}$ **i)** $L = \left\{\frac{1}{4}; -\frac{1}{4}\right\}$
j) $x \in \mathbb{R}^*; L = \{2; -2\}$ **k)** $x \in \mathbb{R}^*; L = \{5; -5\}$
l) $x \in \mathbb{R}\backslash\{-2; -8\}; L = \{4; -4\}$ **m)** $x \in \mathbb{R}\backslash\left\{\frac{1}{2}; -\frac{3}{2}\right\}; L = \left\{\frac{\sqrt{5}}{2}; -\frac{\sqrt{5}}{2}\right\}$
n) $L = \{2; -2\}$ **o)** $x \in \mathbb{R}^*; L = \left\{\sqrt{147}; -\sqrt{147}\right\}$
p) $x \in \mathbb{R}\backslash\left\{36; \frac{4}{9}\right\}; L = \{4; -4\}$ **q)** $x \in [-13; 13]; L = \{12; -12\}$

5. a) $L = \{4\}$ **b)** $L = \{8; -14\}$ **c)** $L = \{3; -10\}$
d) $L = \left\{\frac{7}{3}; -5\right\}$ **e)** $L = \left\{1; \frac{3}{8}\right\}$ **f)** $L = \{1; -1\}$

6. a) $L = \{-7; -9\}$ **b)** $L = \{3; -3\}$ **c)** $L = \left\{\frac{1}{2}; \frac{2}{3}\right\}$
d) $L = \left\{\sqrt{5}; 5\right\}$ **e)** $L = \left\{\frac{2}{7}; -\frac{4}{3}\right\}$ **f)** $L = \left\{-3 + \sqrt{21}; -3 - \sqrt{21}\right\}$

7. a) $L = \{0; 2\}$ **b)** $L = \{0; 8\}$ **c)** $L = \left\{0; \frac{1}{3}\right\}$
d) $L = \left\{0; -\frac{5}{8}\right\}$ **e)** $L = \left\{0; -\frac{10}{9}\right\}$ **f)** $L = \left\{0; \frac{1}{15}\right\}$

Übungen zu 3.3

293

8. a) $x_1 = 2;\ x_2 = -3$ **b)** $x_1 = 4;\ x_2 = -1$ **c)** $x_{1,2} = 3$
d) $x_1 \approx 3{,}5;\ x_2 \approx -2{,}5$ **e)** $x_1 = 1;\ x_2 = -2$ **f)** $x_1 = 5;\ x_2 = -6$
g) $x_1 = 3;\ x_2 = 0{,}25$ **h)** $x_1 = 2;\ x_2 = -4$ **i)** $x_1 = 2{,}5;\ x_2 = -1{,}5$
j) $x_1 \approx 2{,}4;\ x_2 \approx -4{,}4$ **k)** $x_1 = 3;\ x_2 = 4$ **l)** $x_1 = 3;\ x_2 = -2$

Übungen zu 3.4

9. 4 oder −4 **10.** kleinere Zahl: 3 oder −3; größere Zahl: 4 oder −2

11. 18 m × 13,5 m **12.** 55 cm × 65 cm **13.** 45 min **14.** 11,7 m

15. $600\ \frac{\text{km}}{\text{h}}$ **16.** 136,60 cm

17. 1. Pumpe: 57,37 min; 2. Pumpe: 72,37 min **18.** $0{,}9434\ \frac{\text{m}}{\text{s}}$

294

19. 1. Arbeiter: 36 Tage; 2. Arbeiter: 45 Tage **20.** $F = 414{,}21$ N; $R = 585{,}78$ N

21. 2 s **22.** 4,5 cm **23.** 2 cm **24.** 32 Schüler

25. $56{,}2\ \frac{\text{m}}{\text{s}} = v$ **26.** alter Literpreis: 1,80 €; Benzinmenge: 50 l

4 Zuordnungen, Dreisatz und Verhältnisgleichungen

Übungen zu 4.1

299

1. Klasse 9 b **2.** Marie **3.** b) und c)

4. a) $x = 20$ **b)** $x = 57$ **c)** $x = 10b$
5. 100 ml

Übungen zu 4.2

304

1. a) keine proportionale Zuordnung **b)** proportionale Zuordnung **c)** proportionale Zuordnung

2. a) proportionale Zuordnung **b)** proportionale Zuordnung

3. a) 31 mal 75 € **b)** 29 mal 80,17 €

4. a) 1,98 € **b)** 5,94 €

Übungen zu 4.3

309 **1. a)** indirekt proportionale Zuordnung **b)** keine indirekt porportionale Zuordnung
c) indirekt proportionale Zuordnung **d)** indirekt porportionale Zuordnung

2. a) indirekt proportionale Zuordnung **b)** keine indirekte Proportionalität

3. 16 Arbeitstage **4.** 18 m

310 **5.** 8 Tage **6.** 90 € **7.** 31,25 mm **8.** 9000 m **9.** 450 Flaschen

5 Funktionen

Übungen zu 5.1 und 5.2

327 **1. a)** ja **b)** nein **c)** ja **d)** ja
e) ja **f)** nein **g)** ja

3. a) $f(x) = x^2$ **b)** $f(x) = 3$ **c)** $f(x) = 3x + 1$

328 **6. a)** $D = \mathbb{R};\ W = \mathbb{R}$ **b)** $D = \mathbb{R};\ W = \mathbb{R}$ **c)** $D = \mathbb{R}^{\geq 0};\ W = \mathbb{R}^{\geq 0}$ **d)** $D = \mathbb{R};\ W = \mathbb{R}^{\geq 0}$

Übungen zu 5.4.1 bis 5.4.4

340 **7. a)** $y = 0{,}5x$ **b)** $y = \frac{7}{3}x - \frac{5}{3}$ **c)** $y = 3x$ **d)** $y = -2x$

8. a) $y = -\frac{5}{4}x + \frac{31}{4}$ **b)** $y = -\frac{2}{5}x - \frac{11}{5}$ **c)** $y = \frac{4}{11}x + \frac{17}{11}$ **d)** $y = \frac{4}{9}x - \frac{2}{3}$

343 **6. a)** $\left(0 \middle| \frac{1}{2}\right)$ **b)** $(0|1)$ **c)** $(0|-1)$ **d)** $(0|-2)$

344 **7. a)** parallel **b)** nicht parallel **c)** nicht parallel **d)** parallel

10. a) $y = 4x + 4$ **b)** $y = -2x + 6$ **c)** $y = 0{,}5x + 2{,}5$

11. a) $y = -\frac{1}{5}x + 3$ **b)** $y = \frac{3}{2}x + \frac{3}{2}$ **c)** $y = \frac{3}{2}x + 4$

12. a) $y = \frac{1}{2}x$ **b)** $y = \frac{1}{4}x + 4$ **c)** $y = -\frac{3}{2}x - 2{,}5$ **d)** $y = -2x + 2$
e) $y = 2x + 5$ **f)** $y = -3$

Übungen zu 5.8

1. a) nicht umkehrbar **b)** umkehrbar **c)** nicht umkehrbar **d)** umkehrbar
e) nicht umkehrbar **f)** nicht umkehrbar **g)** umkehrbar **h)** nicht umkehrbar 371

2. a) $y \in \mathbb{R}; x \in \mathbb{R}; f^{-1}(x) = \frac{1}{3}x + \frac{4}{3}$ **b)** $y \in \mathbb{R}; x \in \mathbb{R}; f^{-1}(x) = \frac{3}{2}x - \frac{15}{2}$

c) $y \in \mathbb{R}; x \in \mathbb{R}; f^{-1}(x) = \frac{10}{3}x + 5$ **d)** $y \in \mathbb{R}^*; x \in \mathbb{R}^*; f^{-1}(x) = \frac{2}{x}$

e) $y \in \mathbb{R}\setminus\{3\}; x \in \mathbb{R}^*; f^{-1}(x) = \frac{4}{x} + 3$

f) $y \in \mathbb{R}\setminus\{-2\}; x \in \mathbb{R}\setminus\{3\}; f^{-1}(x) = \frac{7}{x-3} - 2$

g) $y \in \mathbb{R}\setminus\{2{,}5\}; x \in \mathbb{R}\setminus\{-1\}; f^{-1}(x) = \frac{0{,}1}{x+1} + 2{,}5$ 371

h) $y \in \mathbb{R}\setminus\{2\}; x \in \mathbb{R}\setminus\{3\}; f^{-1}(x) = -\frac{1}{x-3} + 2$

i) $y \in \mathbb{R}\setminus\{2{,}5\}; x \in \mathbb{R}\setminus\{-3\}; f^{-1}(x) = -\frac{2}{x+3} + 2{,}5$

Übungen zu 5.9

1. $D(f_1) = \mathbb{R}^{\geq 0}$; $W(f_1) = \mathbb{R}^{\geq 0}$; $f_1^{-1}: f_1^{-1}(x) = \sqrt{\frac{x}{2}}$; $D(f_2) = \mathbb{R}^{\leq 0}$; $W(f_2) = \mathbb{R}^{\geq 0}$; $f_2^{-1}: f_2^{-1}(x) = -\sqrt{\frac{x}{2}}$ 377

2. $D(f_1) = \mathbb{R}^{\geq 0}$; $W(f_1) = \mathbb{R}^{\geq 0}$; $f_1^{-1}: f_1^{-1}(x) = \sqrt{2x}$; $D(f_2) = \mathbb{R}^{\leq 0}$; $W(f_2) = \mathbb{R}^{\geq 0}$;
$f_2^{-1}: f_2^{-1}(x) = -\sqrt{2x}$

3. $D(f_1) = \mathbb{R}^{\geq 0}$; $W(f_1) = \mathbb{R}^{\geq 0}$; $f_1^{-1}: f_1^{-1}(x) = \sqrt[3]{4x}$; $D(f_2) = \mathbb{R}^{\leq 0}$; $W(f_2) = \mathbb{R}^{\leq 0}$;
$f_2^{-1}: f_2^{-1}(x) = -\sqrt[3]{-4x}$

4. $D(f) = \mathbb{R}^{\geq 0}$; $W(f) = \mathbb{R}^{\geq 0}$; $f^{-1}: f^{-1}(x) = \frac{x^4}{2}$

5. $D(f) = \mathbb{R}^{\geq 0}$; $W(f) = \mathbb{R}^{\geq 0}$; $f^{-1}: f^{-1}(x) = \frac{x^3}{8}$ **6.** $D(f) = \mathbb{R}$; $W(f) = \mathbb{R}^{\geq 0}$

7. $D(f) = \mathbb{R}$; $W(f) = \mathbb{R}^{\geq 0}$ **8.** $D(f) = \mathbb{R}$; $W(f) = \mathbb{R}$ **9.** $D(f) = \mathbb{R}$; $W(f) = \mathbb{R}$

10. $D(f) = \mathbb{R}^{\geq 0}$; $W(f) = \mathbb{R}^{\geq -1}$ **11.** $D(f) = \mathbb{R}^{\geq 0}$; $W(f) = \mathbb{R}^{\leq 0}$ **12.** $D(f) = \mathbb{R}^{\geq 0}$; $W(f) = \mathbb{R}^{\leq 2}$

13. $D(f) = \mathbb{R}^+$; $W(f) = \mathbb{R}^+$ **14.** $D(f) = \mathbb{R}^+$; $W(f) = \mathbb{R}^+$ **15.** $D(f) = \mathbb{R}^+$; $W(f) = \mathbb{R}^+$

16. $D(f) = \mathbb{R}^+$; $W(f) = \mathbb{R}^{<0}$ **17.** $D(f) = \mathbb{R}^{\leq 0}$; $W(f) = \mathbb{R}^{\leq 0}$ **18.** $D(f) = \mathbb{R}^{\geq \frac{1}{2}}$; $W(f) = \mathbb{R}^{\geq 0}$

19. $D(f) = \mathbb{R}^+$; $W(f) = \mathbb{R}^+$

Übungen zu 5.10

390 **12.** 0,6 **13.** 1,8 **14.** $-0{,}4$ **15.** 2,4 **16.** $y = \log_3 x$

17. $y = \log_{0{,}5} x$ **18.** $y = \log_{1{,}5} x$ **19.** $y = \log_{\frac{4}{5}} x$ **20.** $y = -\log_{\frac{1}{2}} x$

30. Zugspitze 690,475 hPa, Mount Everest 330,921 hPa

391 **31.** $x = 4$ **32.** $x = 2$ **33.** $x = 3$

34. $x = -4{,}3219281$ **35.** $x = 2$ **36.** $x = 2$

37. $x \approx 4{,}42617$ **38.** $x = 2$ **39.** $x = 2$

40. $x = 2$ **41.** $x \approx 1{,}95$ **42.** $x = 3$

43. $x = 9a$ **44.** $x = \frac{1}{2}$ **45.** $x \approx 0{,}072298$

46. $x = -4$ **47.** $x = 13$ **48.** $x \approx 0{,}6432036$

49. $x \approx 4{,}4$ **50.** $x \approx 1{,}227505$ **51.** $L = \{3; -1\}$

52. $L = \{2;\ 3\}$ **53.** $x_1 \approx 0{,}2031140$ **54.** $x_1 \approx 1{,}5849625$; $x_2 \approx 0{,}5849625$

55. $x = -1$ **56.** $x = -1{,}5$ **57.** $x_1 = 0$; $x_2 = \sqrt[3]{3}$

58. $x_1 = 1$; $x_2 = -4$ **59.** $x_1 = 2$; $x_2 = 1$ **60.** $x_2 = -0{,}5$; $x_3 = -3$

6 Prozent-, Zins- und Mischungsrechnen

Übungen zu 6.1

415 **1. a)** $\frac{2}{5}$ oder 40 % **b)** $\frac{3}{5}$ oder 60 % **c)** $\frac{1}{3}$ oder $33{,}\overline{3}$ % **d)** $\frac{2}{3}$ oder $66{,}\overline{6}$ %

e) $\frac{5}{9}$ oder $55{,}\overline{5}$ % **f)** $\frac{1}{2}$ oder 50 % **g)** Alle oder 100 % **h)** $\frac{1}{10}$ oder 10 %

2. a) 37,5 % rot; 12,5 % weiß; 25 % schwarz; 25 % grau **b)** 40 % rot; 20 % schwarz; 40 % grau

c) 62,5 % schwarz; 37,5 % grau **d)** 37,5 % rot; 12,5 % schwarz; 50 % grau

e) 100 % rot

4. a) schwarze Kugeln $\frac{3}{14} = 21{,}4\,\%$; weiße Kugeln $\frac{5}{14} = 35{,}7\,\%$; gelbe Kugeln $\frac{6}{14} = 42{,}9\,\%$ 416

b) grüne Kästchen $\frac{5}{20} = 25\,\%$; weiße Kästchen $\frac{8}{20} = 40\,\%$; blaue Kästchen $\frac{7}{20} = 35\,\%$

c) weibliche Personen $\frac{130}{250} = 52\,\%$; männliche Personen $\frac{120}{250} = 48\,\%$

d) Brillenträger $\frac{400}{1000} = 40\,\%$; Nicht-Brillenträger $\frac{600}{1000} = 60\,\%$

e) Person A $\frac{200}{350} = 57{,}1\,\%$; Person B $\frac{150}{350} = 42{,}9\,\%$

f) Person A $\frac{48}{115} = 41{,}7\,\%$; Person B $\frac{55}{115} = 47{,}8\,\%$

5. Schweinefleisch

6. a) 65 % **b)** 5 % **c)** 124 % **d)** 45 % **e)** 50 %
f) 25 % **g)** 20 % **h)** 75 % **i)** $33{,}\overline{3}\,\%$

7. a) 0,79 **b)** 0,37 **c)** 0,675 **d)** 0,02 **e)** 0,0434
f) 0,004 **g)** 0,0003 **h)** 1,07 **i)** 2,014 **j)** 3,6703

8. a) 21 € **b)** 50 km **c)** 225 Menschen **d)** 120 € **e)** 6 m^2
f) 20 kg **g)** 1000 € **h)** 600 €

Übungen zu 6.2 bis 6.4

9. a) 10 % **b)** 1 % **c)** 50 % **d)** 1,04 % **e)** $1\frac{1}{3}\,\%$ **f)** 9,68 %
g) 32,5 % **h)** 42,57 %

10. a) 5 **b)** 15 **c)** 20 **d)** 150 **e)** 1500 **f)** 1650 417
g) 4,55 € **h)** 31,5 km **i)** 31,5 km **j)** 85,75 t **k)** 28,22 € **l)** 85,75 t

11. a) 100 **b)** 1250 **c)** 200 **d)** 150 **e)** 12 000 **f)** 3000
g) 9000 **h)** 3200 **i)** 2500 **j)** $56111\frac{1}{9}$ **k)** 1000 **l)** 10 000

12. Anteil der Maurer 54,55 %; Anteil der Zimmerleute 45,45 %

13. Wasser: 51 kg; Eiweißstoffe 17 kg; Fett: 12,75 kg; Mineralien: 4,25 kg

14. Kohle: 297,43 Mrd. kWh; Kernenergie: 169,96 Mrd. kWh; Erdgas: 60,7 Mrd. kWh; Wasser-/Windkraft: 54,63 Mrd. kWh; Heizöl: 12,14 Mrd. kWh; sonstiges: 12,14 Mrd. kWh

15. 30 Schüler **16.** 5600 Personen

Übungen zu 6.5

19. a) 25 % **b)** 125 % **20. a)** 6,7 % **b)** 93 % 418

21. a) 28,168 Mrd. € **b)** 131 % **22. a)** 79 % **b)** 79 %

Übungen zu 6.6

420 **32. a)** 320 **b)** 672 **c)** 1,28

33. a) 0,5 ‰ **b)** $0,\overline{2}$ ‰ **c)** 1,72 ‰

34. a) 25 000 € **b)** 3000 € **c)** 12 000 g

35. 3 ml

421 **36.** Versicherung 1 **37.** 10,53 g **38.** 20 g **39.** 127,50 € **40.** $0,8\overline{3}$ ‰

Übungen zu 6.7

Berechnung von Jahreszinsen, Zinssatz und Kapital

44. 15 000 € **45.** 7,5 % **46.** 9000 € **47.** 3750 €

Übungen zu 6.8

422 **49.** Zinsen 100,63 €; Gesamtsumme: 3600,63 €

Übungen zu 6.9

51. 65,2 % aus Kupfer; 34,8 % aus Zink **52.** 30 g Kupfer; 20 g Zink

53. 0,4 l Sagrotan; 7,6 l Wasser **54.** 600 ml

55. 2,79 € **56.** 0,25 €

7 Endliche Folgen und Reihen

Übungen zu 7.2

441 **1. a)** $a_{15} = 63; S_{15} = 525$ **b)** $a_6 = -23; S_6 = -78$ **c)** $a_{23} = -32; S_{23} = -230$
d) $a_5 = 3; S_5 = -15$ **e)** $a_{20} = 20; S_{20} = 210$ **f)** $n = 18; S_{18} = 567$
g) $13 = a_1; S_6 = 18$ **h)** $3 = a_1; 2 = d$ **i)** $n_1 = 16; a_{16} = 50$
j) $a_{30} = 91; S_{30} = 1425$ **k)** $d = -5; S_{20} = -750$ **l)** $a_1 = 8; d = 7$
m) $a_1 = 168; S_{57} = 17\,556$ **n)** $n_1 = 100; a_{100} = 290$

2. a) $a_n = 3n-1$ **b)** $a_n = -3n+5$ **c)** $a_n = -0{,}5n+1$ 441
d) Da der Abstand d der Folgeglieder nicht gleich ist, handelt es sich nicht um eine arithmetische Folge **e)** $a_n = n$

3. a) 40 **b)** 40 **c)** 1275 **d)** 19418 **e)** 312 **f)** 3; 0; −3; −6

4. 7 **5.** 205 **6.** 380 K **7.** im 25. Jahr 51 520 €; in 25 Jahren 1 144 000 € 442

8. $97{,}2\,\frac{\text{km}}{\text{h}}$

Übungen zu 7.3

9. a) $a_6 = 486$; $S_6 = 728$ **b)** $a_9 = 0{,}0351562$; $S_9 = 17{,}96484$
c) $q = 6$; $S_8 = 3\,359\,230$ **d)** $q = 3$ oder $q = -3$; $S_7 = 5465$ oder $S_7 = 2735$
e) $n = 6$; $S_6 = 27\,342$ **f)** $n = 9$; $S_9 = 511$ **g)** $a_1 = 3$; $S_{10} = 3069$
h) $q = 2$; $S_9 = 6643$ **i)** $a_1 = 5$; $a_{10} = 98\,415$ **j)** $n = 7$; $a_7 = 102\,400$
k) $a_{12} = -40\,743\,810$; $S_{12} = -30\,557\,800$ **l)** $a_4 = -2$; $S_{15} = 0$
m) $a_{10} = 1$; $S_{10} = 0$ **n)** $a_3 = 20$; $S_3 = 35$

11. a) $1-3+9-27+81$ **b)** $\frac{25}{27}+\frac{5}{9}+\frac{1}{3}+\frac{1}{5}+\frac{3}{25}$ **c)** $\frac{1}{a}+\frac{1}{b}+\frac{a}{b^2}+\frac{a^2}{b^3}+\frac{a^3}{b^4}$ 443
d) $a^2b-a^3+\frac{a^4}{b}-\frac{a^5}{b^2}+\frac{a^6}{b^3}$

12. a) $7;\ 1;\ \frac{1}{7}$ **b)** $-\frac{8}{7}$ **c)** 17, 36, 68

13. a) Anzahl der Körner $1{,}8446744 \cdot 10^{19}$ **b)** $9{,}225 \cdot 10^{11}$ t

14. 20 480 **15.** 0,015 g **16.** 4-mal; 46%ig **17.** 35%ig

18. 17 450 Jahre

19. $n_2 = 16{,}9$; $n_3 = 23{,}9$; $n_4 = 33{,}7$; $n_5 = 47{,}6$; $n_6 = 67{,}1$; $n_7 = 94{,}7$; $n_8 = 133{,}7$; $n_9 = 188{,}6$; $n_{10} = 266{,}2$; $n_{11} = 375{,}6$; $q \approx 1{,}41$

Übungen zu 7.4

21. a) $q = 1{,}03$ **b)** $q = 1{,}04$ **c)** $q = 1{,}06$ **d)** $q = 1{,}055$ **e)** 1,0725 444
f) $q = 1{,}025$ **g)** $q = 1{,}0475$ **h)** $q = 1{,}053$ **i)** $q = 1{,}0625$ **k)** $q = 1{,}0375$

22. a) $K_{10} = 4144{,}58$ € **b)** $K_{15} = 9563{,}07$ € **c)** $K_{21} = 28\,484{,}60$ €
d) $K_7 = 659{,}34$ € **e)** $K_4 = 323\,715{,}88$ € **f)** $K_{25} = 3715{,}05$ €

23. a) $q = 1{,}061$ **b)** $6 \approx n$ **c)** $n = 44{,}49$
d) 4500,00 € $\approx K_0$ **e)** 6500,00 € $\approx K_0$ **f)** $p = 2\,\%$

444 **24. a)** $p = 20\,\%$ **b)** $9 \approx n$ **c)** $32\,407{,}41\ € = K_0$
d) $60{,}00\ € = K_0$ **e)** $p = 5\,\%$ **f)** $8 = n$

Übungen zu 7.5

25. a) 1778,47 €; 1831,82 € **b)** 4001,55 €; 4121,60 € **c)** 8892,34 €; 9159,11 €
d) 10 670,80 €; 10 990,93 € **e)** 3261,99 €; 3343,54 € **f)** 6523,99 €; 6687,09 €
g) 9785,98 €; 10 030,63 € **h)** 1107,73 €; 1065,16 € **i)** 11 612,47 €; 11 740,56 €

445 **26. a)** 7348,40 €; 7476,49 € **b)** 14 393,39 €; 14 521,48 € **c)** 4000,00 €; 3943,99 €
d) 5 Jahre; 4,79 Jahre **e)** 61,43 €; 60,23 € **f)** 17,09 €; 16,44 €
g) 600,15 €; 531,05 € **h)** 800,00 €; 730,91 € **i)** 4853,77 €; 4803,08 €

27. a) 4854,66 €; 4838,05 € **b)** 10 000,00 €; 9913,34 € **c)** 537,92 €; 527,00 €
d) 706,47 €; 702,59 € **e)** 4958,81 €; 4991,29 € **f)** 8673,86 €; 8778,70 €

8 Komplexe Zahlen

Übungen zu 8.1

Imaginäre Zahlen

457 **7. a)** $7i$ **b)** $0{,}9i$ **8. a)** $6{,}1i$ **b)** $1{,}8i$ **c)** $2i$

9. a) $10i$ **b)** $7{,}26i$ **c)** $1{,}55i$ **d)** -6 **e)** $1{,}5$ **f)** $-\frac{1}{2}i$

10. a) $4{,}8$ **b)** -24 **11. a)** -72 **b)** 60 **c)** $2{,}5i$

12. a) $18i$ **b)** $4i$ **c)** $-3-9i$

13. a) $-i$ **b)** 1 **c)** i **d)** $\frac{1}{2}\sqrt{6}$ **e)** i **f)** 1

14. a) $-4i$ **b)** $-0{,}6i$ **c)** $-\sqrt[3]{4}$ **d)** $-9x^2$ **e)** $64a^9 i$

Betrag von komplexen Zahlen

15. a) 5 **b)** 5 **c)** 5,83 **d)** 13,89

16. a) 4 **b)** 7 **c)** 8 **d)** 4,12

17. a) 4,899 **b)** 4,123

Abstand vom Nullpunkt

18. a) $3-5i$ **19.** gleich weit vom Nullpunkt entfernt **20.** $7+3i$ **21.** $1{,}5+2i$ 457

22. $4-8i$ **23.** $9-5i$ **24.** $4-6i$

25. $6+2i$ **26.** vom Nullpunkt gleich weit entfernt **27.** $-4-5i$ und $5+4i$ 458

28. $11+9i$ **29.** $8+6i$

Übungen zu 8.2

Rechnen mit komplexen Zahlen

30. a) $11-8i$ **b)** $5-3i$ **c)** $-2+2i$ **d)** $230+60i$ **e)** $-9-i$

31. a) $4-9i$ **b)** $-4+i$ **c)** $-2{,}5-6{,}5i$ **d)** $4\sqrt{2}+2i$ **e)** -1

32. a) $1+i$ **b)** $14i$ **c)** $-1+2i$ **d)** $2i$ **e)** $3x+2ai$

33. a) $4a+2bi$ **b)** $a_1-a_2+(b_1-b_2)i$ **c)** $-2ax-4ni$
d) $a+5x+(\sqrt{n}-\sqrt{b})i$ **e)** $7+10i$

34. a) $12+15i$ **b)** $ab+aci$ **c)** $26+32i$

35. a) $31+107i$ **b)** $3b^2+a^2+2abi$ **c)** $(4b^2+c^2)i$

36. a) $2\sqrt{6}-i$ **b)** $\sqrt{2}$ **c)** $138+52\sqrt{3}i$

37. a) $-i$ **b)** $1\frac{1}{17}-\frac{30}{17}i$ **c)** $-\frac{6}{29}+\frac{43}{29}i$
d) $1\frac{12}{41}-\frac{26}{41}i$ **e)** $\frac{4a+b^2}{8+2b^2}+i\,\frac{(b-ab)}{4+b^2}$

38. a) $-\frac{1}{5}+\frac{2}{5}\sqrt{6}i$ **b)** $\frac{-2xi}{a^2+1}$ **c)** $\frac{2x^2-2b^2}{x^2+b^2}$
d) $\frac{-2y\sqrt{y}+2y\sqrt{x}i}{x+y}$ **e)** $-5+12i$

39. a) $-20-48i$ **b)** $x^2-1+2xi$ **c)** b^2-4x^2+4bxi **d)** $-(a-b)^2$ **e)** $7-6\sqrt{2}i$

40. a) $6-8i$ **b)** $-i$ **c)** $-8-8\sqrt{3}i$ **d)** $-\frac{5}{4}-\frac{9}{8}\sqrt{3}i$ **e)** $\frac{a^2-1+2ai}{3}$

41. a) $-1{,}65$ **b)** 16 **c)** $-255-52i$ **d)** $13{,}21$ **e)** $-14\frac{1}{4}-3i$ 459

Übungen zu 8.3

Lösen von quadratischen Gleichungen

459 **43. a)** $L = \{9i;\ -9i\}$ **b)** $L = \left\{\frac{2}{3}i;\ -\frac{2}{3}i\right\}$ **c)** $L = \{20i;\ -20i\}$

d) $L = \{5i;\ -5i\}$ **e)** $L = \{12i;\ -12i\}$

44. a) $L = \left\{\frac{7}{4}i; -\frac{7}{4}i\right\}$ **b)** $L = \left\{\frac{1}{3} + \frac{\sqrt{5}\,i}{3};\ \frac{1}{3} - \frac{\sqrt{5}\,i}{3}\right\}$ **c)** $L = \{1 + \sqrt{2}\,i;\ 1 - \sqrt{2}\,i\}$

d) $L = \{3 + 4i;\ 3 - 4i\}$ **e)** $L = \{2 + i;\ 2 - i\}$

45. a) $L = \{1{,}5 + 1{,}5i;\ 1{,}5 - 1{,}5i\}$ **b)** $L = \{-1 + 1{,}5i;\ -1 - 1{,}5i\}$

c) $L = \{-2 + \sqrt{3}\,i;\ -2 - \sqrt{3}\,i\}$ **d)** $L = \left\{1{,}5 + \frac{\sqrt{5}}{2};\ 1{,}5 - \frac{\sqrt{5}}{2}\right\}$

e) $L = \left\{1{,}75 + \frac{\sqrt{7}}{4}i;\ 1{,}75 - \frac{\sqrt{7}}{4}i\right\}$

46. a) $L = \left\{\frac{2}{3} + \frac{\sqrt{5}}{3}i;\ \frac{2}{3} - \frac{\sqrt{5}}{3}i\right\}$ **b)** $L = \left\{-\frac{5}{4} + \frac{\sqrt{3}}{4}i;\ -\frac{5}{4} - \frac{\sqrt{3}}{4}i\right\}$

c) $L = \{3 + \sqrt{7}\,i;\ 3 - \sqrt{7}\,i\}$ **d)** $L = \left\{1 + \frac{2\sqrt{10}}{5}i;\ 1 - \frac{2\sqrt{10}}{5}i\right\}$

e) $L = \left\{2{,}5 + \frac{\sqrt{3}}{6}i;\ 2{,}5 - \frac{\sqrt{3}}{6}i\right\}$

Lösen von biquadratischen Gleichungen

47. a) $L = \{\sqrt{6};\ -\sqrt{6};\ 1;\ -1\}$ **b)** $L = \{i;\ -i;\ \sqrt{6}\,i;\ -\sqrt{6}\,i\}$

c) $L = \{\sqrt{2};\ -\sqrt{2};\ \sqrt{5}\,i;\ -\sqrt{5}\,i\}$ **d)** $L = \{0{,}5\sqrt{2}\,i;\ -0{,}5\sqrt{2i};\ \sqrt{3}\,i;\ -\sqrt{3}\,i\}$

e) $L = \left\{\frac{1}{3}\sqrt{3};\ -\frac{1}{3}\sqrt{3};\ 2i;\ -2i\right\}$

48. a) $L = \left\{\frac{\sqrt{5}}{2}i;\ -\frac{\sqrt{5}}{2}i;\ \sqrt{2}\,i;\ -\sqrt{2}\,i\right\}$ **b)** $L = \{0{,}5\sqrt{2}\,i;\ -0{,}5\sqrt{2}\,i;\ \sqrt{5};\ -\sqrt{5}\}$

c) $L = \{\sqrt{11}\,i;\ -\sqrt{11}\,i;\ \sqrt{15}\,i;\ -\sqrt{15}\,i\}$ **d)** $L = \left\{\sqrt{10};\ -\sqrt{10};\ \frac{\sqrt{6}}{3}i;\ -\frac{\sqrt{6}}{3}i\right\}$

e) $L = \{3i;\ -3i;\ \sqrt{11}\,i;\ -\sqrt{11}\,i\}$